データ解析における
プライバシー保護

Privacy Preservation
in Data Analytics

佐久間 淳

講談社

■ 編者

杉山　将　博士（工学）

理化学研究所 革新知能統合研究センター センター長

東京大学大学院新領域創成科学研究科 教授

■ シリーズの刊行にあたって

インターネットや多種多様なセンサーから，大量のデータを容易に入手できる「ビッグデータ」の時代がやって来ました．現在，ビッグデータから新たな価値を創造するための取り組みが世界的に行われており，日本でも産学官が連携した研究開発体制が構築されつつあります．

ビッグデータの解析には，データの背後に潜む規則や知識を見つけ出す「機械学習」とよばれる知的データ処理技術が重要な働きをします．機械学習の技術は，近年のコンピュータの飛躍的な性能向上と相まって，目覚ましい速さで発展しています．そして，最先端の機械学習技術は，音声，画像，自然言語，ロボットなどの工学分野で大きな成功を収めるとともに，生物学，脳科学，医学，天文学などの基礎科学分野でも不可欠になりつつあります．

しかし，機械学習の最先端のアルゴリズムは，統計学，確率論，最適化理論，アルゴリズム論などの高度な数学を駆使して設計されているため，初学者が習得するのは極めて困難です．また，機械学習技術の応用分野は非常に多様なため，これらを俯瞰的な視点から学ぶことも難しいのが現状です．

本シリーズでは，これからデータサイエンス分野で研究を行おうとしている大学生・大学院生，および，機械学習技術を基礎科学や産業に応用しようとしている大学院生・研究者・技術者を主な対象として，ビッグデータ時代を牽引している若手・中堅の現役研究者が，発展著しい機械学習技術の数学的な基礎理論，実用的なアルゴリズム，さらには，それらの活用法を，入門的な内容から最先端の研究成果までわかりやすく解説します．

本シリーズが，読者の皆さんのデータサイエンスに対するより一層の興味を掻き立てるとともに，ビッグデータ時代を渡り歩いていくための技術獲得の一助となることを願います．

2014 年 11 月

「機械学習プロフェッショナルシリーズ」編者
杉山 将

まえがき

従来，日本において個人情報とは，個人の氏名，性別，生年月日，住所など個人を特定できる情報のことを指すものとされてきました．一方で，プライバシーは個人がその私生活に過度な干渉を受けない権利を表す言葉として認識されていました．

現在では，個人の活動にかかわるさまざまな情報がサービスの重要な要素として活用されています．たとえば，スマートフォンのGPSから位置情報サービスを通じて取得される移動履歴や，通信販売サービスの継続的な利用によって蓄積する物品の購買履歴などは，商品推薦やオンライン広告などのさまざまなサービスに利用されています．あらゆる活動が高度に情報化されつつある現代において，個人がその私生活に過度な干渉を受けないことを保証するには，個人の生活や活動にかかわるデータを適切に取り扱う配慮が不可欠といえるでしょう．

蓄積された個人の活動に関する情報に機械学習などの高度なデータ解析技術が広く適用されるようになるにつれ，従来認識されていた氏名などの「個人の特定を直接的に可能にする情報」だけが個人情報であるとはいえなくなりつつあります．本書では，このような個人の属性や活動に関する情報を広くパーソナルデータと呼びます．

本書では，プライバシーとは何か，パーソナルデータを用いたデータ解析におけるプライバシーの保護はどのように定義されるのか，どのようにすればプライバシーを保護しつつ個人に関する情報を用いたデータ解析が実現できるのか，といった問題を統計学，データ工学，暗号理論などの観点から議論します．特に「仮名化／匿名化」，「差分プライバシー」，「秘密計算」と呼ばれる3つのプライバシー保護技術に焦点を当て，データ解析におけるプライバシー保護の問題を扱います．

本書の構成は以下のとおりです．2章～5章（仮名化・匿名化），7章～9章（差分プライバシー），10章～14章（秘密計算）はそれぞれ独立に理解できるようになっています（図）．

パーソナルデータの外部提供とデータ匿名化・仮名化について興味がある

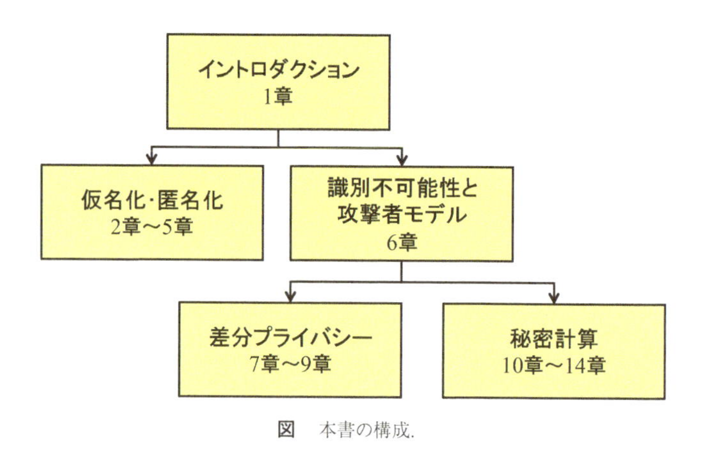

図　本書の構成.

読者は2章〜5章を読んでください．匿名化が実現している安全性を形式的に把握するためには6章で導入される攻撃者モデルを理解した上で，改めて4章〜5章を読むとより理解が深まるでしょう．暗号理論にすでに習熟している方がパーソナルデータの外部提供とデータ匿名化・仮名化について理解するには，6章を先に読んだ上で2章〜5章を読めば形式的な理解につながるでしょう．

差分プライバシーについて興味がある読者は，6章で識別不可能性の概念を理解し，7章〜9章を読んでください．差分プライバシーの理解には確率論・統計学の基礎が必要です．本シリーズの『機械学習のための確率と統計』を合わせて読むと理解が深まるでしょう．また9章で扱う経験損失最小化は本シリーズの『統計的学習理論』を合わせて読むとより理解が深まるでしょう．

秘密計算について興味がある読者は，6章で識別不可能性の概念を理解し，10章〜14章を読んでください．秘密計算は暗号理論に基づき構築された技術体系です．本書の内容をを理解する上で必要な暗号理論に関する内容は本書にすべて含まれていますが，『現代暗号』[38] など暗号理論分野の教科書と合わせて読むとより理解が深まるでしょう．

本書を出版するにあたり，多くの方々にお世話になりました．編者の杉山将氏には本書を執筆する機会をいただき，また有益なアドバイスをいただきました．中川 裕志氏および千田 浩司氏には本書の予稿を閲読いただき，詳細なコメントをいただきました．西出 隆志氏，伊藤 伸介氏，森 亮ニ氏，日置 巴美氏には本書の執筆にあたり専門的なアドバイスをいただきました．筑波大学 佐久間研究室の学生の皆様には多様な視点から原稿を改善するアイディアをいただきました．講談社サイエンティフィクの横山 真吾氏には執筆に関する手厚いサポートをいただきました．本書の執筆をご支援いただいた皆様に，深く感謝いたします．

2016 年 7 月

佐久間 淳

目　次

シリーズの刊行にあたって …… iii

まえがき …… v

Chapter 1
第1章　データ解析におけるプライバシー保護技術の概要 …… 1

1.1　仮名化・匿名化によるデータの外部提供 …… 1
1.2　差分プライバシーを適用した統計量公開 …… 2
1.3　秘密計算によるデータ解析 …… 4

Chapter 2
第2章　パーソナルデータ提供におけるプライバシーの問題 …… 7

2.1　パーソナルデータ提供にかかわるプライバシーの侵害 …… 8
2.1.1　マサチューセッツ州の事例 …… 10
2.1.2　AOL の事例 …… 11
2.1.3　Netflix の事例 …… 13
2.1.4　NY 市 Taxi Ride の事例 …… 15
2.2　パーソナルデータの利用とプライバシー保護技術 …… 17

Chapter 3
第3章　パーソナルデータ提供におけるデータの構成要素 …… 19

3.1　パーソナルデータの実例とデータの種別 …… 19
3.2　識別情報 …… 20
3.2.1　直接識別情報と間接識別情報 …… 20
3.2.2　識別と特定の違い …… 23
3.3　履歴情報 …… 24
3.3.1　識別情報として働く履歴情報 …… 25
3.3.2　特異性 …… 25
3.3.3　習慣性 …… 25

3.3.4 一意性 …… 26
3.4 要配慮情報 …… 26
3.5 識別情報／要配慮情報と履歴情報の境界 …… 27
3.6 連絡情報 …… 27
3.7 個人に被害を与える情報 …… 28
3.8 データベースに関する情報 …… 28
3.9 個人情報保護法との関係 …… 29
3.10 技術と法制度 …… 31

Chapter 4
第4章 パーソナルデータ提供のリスクと有用性 …… 35
4.1 データ提供のプロセス …… 35
4.1.1 データ提供における自明なリスクと非自明なリスク …… 37
4.1.2 データ提供において想定する攻撃者 …… 37
4.2 個人属性データ提供に伴う特定と連結 …… 38
4.2.1 個人属性データにおける特定と連結 …… 39
4.2.2 個人属性データにおける特定を経ない連結 …… 41
4.3 履歴データ提供に伴う特定と連結 …… 42
4.4 データ提供に伴う特定のリスク評価: k 匿名性 …… 43
4.5 データ提供に伴う特定のリスク評価: 標本一意性と母集団一意性 …… 45
4.5.1 母集団一意であるレコード数の推定 …… 47
4.5.2 母集団一意かつ標本一意であるレコード数の推定 …… 49
4.6 個人属性データ提供に伴う属性推定 …… 50

Chapter 5
第5章 パーソナルデータの匿名化 …… 53
5.1 パーソナルデータの匿名化のプロセス …… 53
5.2 仮名化における直接識別情報の扱い …… 54
5.2.1 仮名 ID の構成 …… 55
5.2.2 対応表による仮名化 …… 55
5.2.3 鍵付きハッシュ関数による仮名化 …… 56
5.3 匿名化における間接識別情報の扱い …… 57

5.3.1 再符号化 …… 58
5.3.2 トップコーディングとボトムコーディング …… 59
5.3.3 抑制 …… 59
5.3.4 マイクロアグリゲーション …… 60
5.3.5 加工方法の適用例 …… 61

5.4 一般化階層構造に基づく k 匿名化 …… 62
5.4.1 一般化階層構造 …… 62
5.4.2 有用性と匿名性のトレードオフ …… 64
5.4.3 最適な k 匿名化は NP 困難 …… 66
5.4.4 Incognito …… 66

5.5 仮名化／匿名化データの提供における注意点 …… 69
5.5.1 仮名化／匿名化データの並び順 …… 69
5.5.2 履歴データの仮名化／匿名化 …… 69

Chapter 6

第6章 識別不可能性と攻撃者モデル …… 73

6.1 計算と秘匿性 …… 73

6.2 記法 …… 75
6.2.1 多項式時間アルゴリズムと多項式領域アルゴリズム …… 75
6.2.2 決定的アルゴリズムと確率的アルゴリズム …… 76
6.2.3 無視できる関数 …… 76
6.2.4 確率 …… 77

6.3 識別不可能性 …… 77

6.4 情報理論的識別不可能性 …… 78
6.4.1 情報理論的識別不可能性の定義 …… 78
6.4.2 情報理論的識別不可能性に基づく秘匿性 …… 79

6.5 計算量的識別不可能性 …… 80
6.5.1 計算量的識別不可能性の定義 …… 80
6.5.2 計算量的識別不可能性に基づく秘匿性 …… 81

6.6 識別不可能性に基づく秘匿性と攻撃者モデル …… 81
6.6.1 情報理論的識別不可能性における攻撃者モデル …… 82
6.6.2 計算量的識別不可能性における攻撃者モデル …… 82

6.7 データ匿名化が想定する攻撃者モデル …… 83

Chapter 7

第7章 統計量の公開における差分プライバシーの理論 85

7.1 統計量の公開 85
7.2 統計量公開におけるプライバシー 86
7.2.1 独立性検定 88
7.2.2 事例 1: 統計量公開がプライバシーの侵害を起こしていない例 89
7.2.3 事例 2: 統計量公開がプライバシーの侵害を起こしている例 91
7.3 完全秘匿性に基づく安全性の議論 93
7.4 完全秘匿の不可能性 95
7.5 「弱い秘匿性」の実現 96
7.5.1 まったく秘匿性がないケース 97
7.5.2 「弱い秘匿性」があるケース 97
7.5.3 「弱い秘匿性」は確率アルゴリズムによって実現される 98
7.5.4 「弱い秘匿性」と有用性 98
7.6 ϵ-差分プライバシー 99
7.6.1 差分プライバシーは「弱い秘匿性」を保証する 100
7.7 (ϵ, δ)-差分プライバシー 101
7.8 ϵ の解釈と隣接性の定義 102
7.9 δ の解釈 104
7.10 差分プライバシーにおける攻撃者モデル 105
7.10.1 差分プライバシーにおける攻撃者の背景知識 106
7.10.2 差分プライバシーにおける攻撃者の攻撃アルゴリズム 106
7.10.3 事後分布の差による攻撃の評価 107
7.10.4 semantic privacy 108
7.10.5 semantic privacy と差分プライバシーは等価である 109

Chapter 8

第8章 差分プライバシーのメカニズム 113

8.1 確率アルゴリズムとしてのメカニズム 113
8.1.1 randomized response 113
8.2 メカニズムの評価基準 115
8.3 ラプラスメカニズム 117

8.3.1 ℓ_1 敏感度 …… 117
8.3.2 ラプラス分布によるランダム化 …… 119
8.3.3 ラプラスメカニズムのプライバシー …… 119
8.3.4 ラプラスメカニズムの有用性 …… 120
8.3.5 ラプラスメカニズムに基づくクエリ …… 121
8.3.6 ラプラスメカニズムの事例 …… 122

8.4 ガウシアンメカニズム …… 123
8.4.1 ガウシアンメカニズムのプライバシー …… 124

8.5 指数メカニズム …… 124
8.5.1 指数メカニズムのプライバシー …… 125
8.5.2 指数メカニズムの有用性 …… 126
8.5.3 指数メカニズムの事例 …… 127

8.6 レコードの独立性 …… 128

8.7 複数回のクエリに対する差分プライバシーの保証 …… 129
8.7.1 差分プライバシーの合成定理 …… 129
8.7.2 最適な合成定理 …… 130
8.7.3 同じクエリの複数回の問い合わせは得か …… 131

8.8 合成定理の応用 …… 132

8.9 疎な出力 …… 134
8.9.1 閾値メカニズム …… 135

Chapter 9

第 9 章 差分プライバシーと機械学習 …… 139

9.1 経験損失最小化 …… 139
9.1.1 経験損失最小化による教師あり学習 …… 139
9.1.2 汎化損失 …… 141
9.1.3 正則化 …… 141

9.2 経験損失最小化における差分プライバシー …… 142
9.2.1 差分プライバシーを保証した経験損失最小化の有用性 …… 143

9.3 出力摂動法による差分プライバシーの保証 …… 144
9.3.1 強凸性 …… 144
9.3.2 正則化経験損失の目的関数の敏感度 …… 145
9.3.3 正則化経験損失における出力摂動法の差分プライバシー …… 147

9.3.4 正則化経験損失における出力摂動法の有用性解析 …… 148

9.4 目的関数摂動法による差分プライバシーの保証 …… 149

9.4.1 正則化経験損失における目的関数摂動法 …… 149

9.4.2 正則化経験損失における目的摂動法の差分プライバシー …… 150

9.4.3 正則化経験損失における目的摂動法の有用性解析 …… 151

Chapter 10

第10章 秘密計算の定式化と安全性 …… 153

10.1 秘密計算 …… 153

10.1.1 マルチパーティー秘密計算 …… 154

10.1.2 アウトソーシング型秘密計算 …… 156

10.1.3 秘密計算の実現 …… 157

10.2 秘密計算プロトコル …… 158

10.2.1 イデアルモデルとリアルモデル …… 159

10.3 攻撃者モデル …… 160

10.4 秘密計算の正当性と秘匿性 …… 161

10.5 秘密計算の秘匿性の定義 …… 162

10.6 差分プライバシーと秘密計算における攻撃者の違い …… 164

10.7 秘密計算の攻撃者モデル …… 165

10.8 秘密計算の構成法 …… 166

Chapter 11

第11章 秘密鍵暗号と公開鍵暗号 …… 167

11.1 秘密鍵暗号 …… 167

11.1.1 秘密鍵暗号の定式化 …… 167

11.1.2 秘密鍵暗号による通信 …… 168

11.1.3 ワンタイムパッド …… 169

11.1.4 ワンタイムパッドの完全秘匿性 …… 170

11.2 公開鍵暗号 …… 170

11.2.1 公開鍵暗号の定式化 …… 171

11.2.2 公開鍵暗号による通信 …… 171

11.2.3 ElGamal 暗号 …… 172

11.2.4 ElGamal 暗号の秘匿性 …… 176

Chapter 12
第 12 章 準同型暗号による秘密計算 …… 181
12.1 準同型暗号 …… 181
12.1.1 加法準同型暗号 …… 181
12.1.2 乗法準同型暗号 …… 182
12.1.3 完全準同型暗号 …… 183
12.2 準同型暗号による秘密計算の安全性 …… 183
12.3 準同型暗号による秘密計算: 独立性検定への応用 …… 183
12.3.1 分割表計算の 2-party 秘密計算 …… 184
12.3.2 分割表計算の 2-party プロトコルの秘匿性 …… 187
12.3.3 分割表計算のアウトソーシング型秘密計算 …… 188

Chapter 13
第 13 章 秘匿回路による秘密計算 …… 189
13.1 秘匿回路 …… 189
13.1.1 秘匿回路の定式化 …… 190
13.2 紛失送信 …… 191
13.3 秘匿回路生成 …… 194
13.4 秘匿回路評価 …… 196
13.5 秘匿回路評価の秘匿性 …… 196
13.6 秘匿回路評価の実行例 …… 197

Chapter 14
第 14 章 秘密分散による秘密計算 …… 199
14.1 秘密分散 …… 199
14.1.1 加法的シェアによる秘密分散 …… 200
14.1.2 多項式による秘密分散 …… 201
14.2 秘密分散による秘密計算 …… 201
14.2.1 秘密分散による加算と公開された数の乗算 …… 201
14.2.2 秘密分散による乗算: 非公開な数の乗算 …… 204
14.3 秘密分散による汎用的な秘密計算と実装 …… 205
14.4 秘密分散による秘密計算の安全性 …… 206
14.5 秘密分散による秘密計算の実装 …… 206

■ 参考文献 ······ 207

■ 索　引 ······ 211

表　記法

記法	定義	記法	定義
$\mathbb{N}$	自然数集合	x	データ, 入力, 平文
$\mathbb{Z}$	整数集合	X	データの定義域
$\mathbb{R}$	実数値集合	n	データ数
$\emptyset$	空集合	d	データの属性数/次元数
$\mathbb{Z}/q\mathbb{Z}$	q を法とする剰余環	D	データ集合/データベース
$\{0,1\}^*$	任意長のビット列	$\mathcal{D}$	データ集合/データベースの定義域
poly	(任意の) 多項式	f	データ解析関数
negl	無視できる関数	q	クエリ
$\mathcal{A}$	確率的多項式アルゴリズム	y	出力
κ	セキュリティパラメータ	Y	出力の定義域
H	暗号学的ハッシュ関数	Ω	確率変数の定義域
k	秘密鍵暗号の鍵	S	確率変数の定義域の部分集合
pk	公開鍵暗号の公開鍵	Δ	大域敏感度
sk	公開鍵暗号の秘密鍵	m	メカニズム
Gen	鍵生成関数	$\lvert \cdot \rvert$	絶対値, 集合/ビット列のサイズ
Enc	暗号化関数	$\lVert \cdot \rVert$	ノルム
Dec	復号関数	$a \Vert b$	bit 列 a, b の連結
$\oplus$	加法準同型演算	$a \boxplus b$	bit 列 a, b の排他的論理和
$\otimes$	乗法準同型演算	$a \in_R A$	集合 A からのランダム要素選択

Chapter 1

データ解析におけるプライバシー保護技術の概要

本章では，個人の属性や活動に関するデータの利用において必要になる 3 つのプライバシー保護技術，仮名化／匿名化，差分プライバシー，秘密計算の概略を紹介します．

1.1 仮名化・匿名化によるデータの外部提供

データの 1 行 1 行が 1 人の個人を表すようなパーソナルデータのデータベーステーブルを考えます（図 **1.1**）．**仮名化**（かめいか）と**匿名化**とは，このような多数の個人に関するデータを，データベーステーブルの形式で第三者に提供する場合に利用されるプライバシー保護技術です．

このようなデータを提供する場合には，仮にデータ提供を受けた者が悪意をもって個人を特定しようとしたとしても（このような者を**攻撃者**と呼びます），各行がどの個人に関する情報であるか突き止められないようにしておく必要があります．仮名化および匿名化とは，提供するデータベースのテーブルを何らかの方法で加工し，提供されたテーブルにおいて各行が個別の人物と結び付けられるリスク（これを**特定**と呼びます）や，ある人物を表すデータが同一人物の別のデータと結び付けられるリスク（これを**連結**と呼びます）を低減する手法です．

図 1.1 の例では，氏名から個人が特定されないように，氏名がランダムな

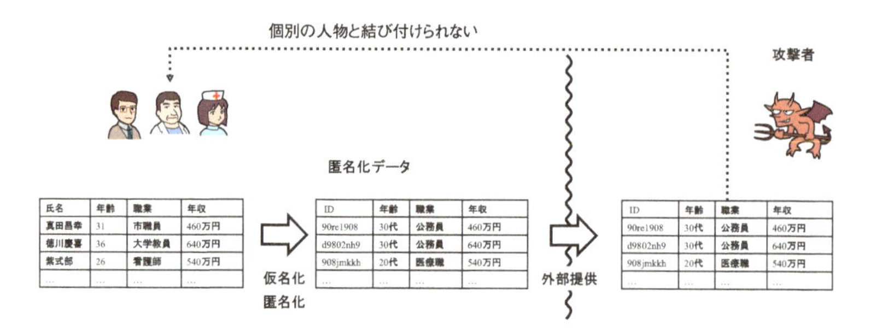

図 1.1 匿名化によるプライバシーを保護した個人データの提供.

文字列に置き換えられています．これは仮名化の一例です．また職業と年齢の組み合わせから個人が特定されないように，職業や年齢がよりあいまいな形式に変換されています．これは匿名化の一例です．

1.2 差分プライバシーを適用した統計量公開

再びデータの１行１行が１人の個人を表すようなパーソナルデータのデータベーステーブルを考えます（図 **1.2**）．解析者はこのようなデータを用いて統計解析を実施したいと考えているとします．データベースは解析者の依頼に基づいて，統計量（たとえば，ある属性の平均値や特定の属性をもつ人物のカウントなど）を計算し，結果として得られた統計量を解析者に提供し

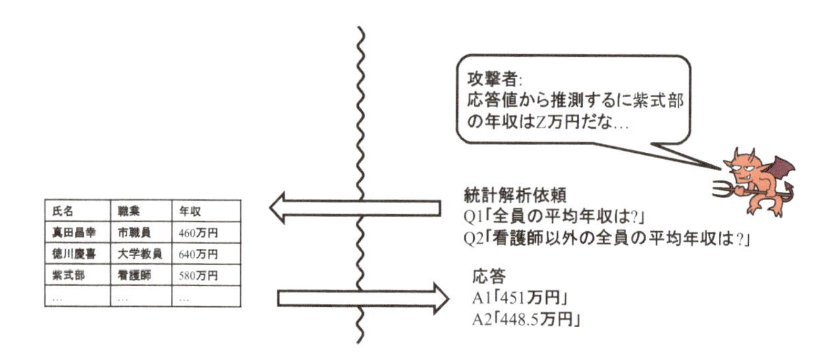

図 1.2 統計量の公開により個人の情報が推測される例.

ます．このときに，統計量からテーブルに含まれる個別の人物に関する情報が推測される可能性があります．特に解析者が元のデータについて多くの背景知識をもっている場合には，たとえ統計量からでも個別の人物についてさまざまな情報が推測されることがありえます．

たとえば，解析者が悪意をもつ攻撃者となって，図 1.2 のデータベースに「Q1: 全員の平均年収は?」および「Q2: 看護師以外の全員の平均年収は?」という 2 つの解析を依頼し，その応答として，「A1: 451 万円」，「A2: 448.5 万円」を得たとします．また，攻撃者はデータベースに関する背景知識として，データベースが記録の対象としている人間は全部でたとえば $n = 100$ 人であり，またその中で職業が看護師である人物は紫式部だけであることを知っているとします．このような背景知識とデータベースから得られた統計量を組み合わせれば，攻撃者は紫式部の年収を簡単な計算により確定することができてしまいます．

この例はやや極端な状況を想定しましたが，個人にかかわる情報から求められた統計量を公開するときには，統計量から個別の人物の情報が含まれているかどうかが推測されたり，個人の属性値が推測されたりすることがないようにする必要があります．**差分プライバシー**は，個人のデータに基づく統計量が公開されたときに，攻撃者の背景知識にかかわらず，個々の情報が推測されるリスクを定量評価する基準を与えます．またその基準に基づき，攻撃者の推測を妨げるための手段を与えます．具体的には，公開される統計量に

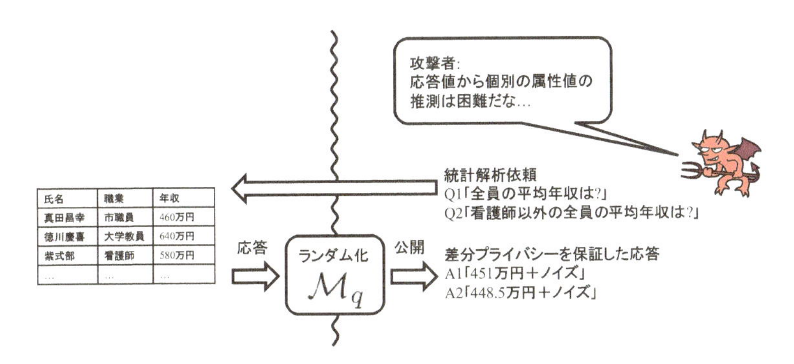

図 1.3　差分プライバシーによるプライバシーを保護した統計量の公開．

注意深く設計したランダムなノイズを加えてから公開することで，元のデータに含まれる情報が決定的に推測されることがないようにします（図 **1.3**）.

1.3 秘密計算によるデータ解析

パーソナルデータが複数の機関に分散して存在しているときに，プライバシー保護のためにそれらの情報を結合できないことがあります．**秘密計算**とは，個別の機関のデータを互いに共有することなく，その秘密性を保ったまま統計解析や機械学習などの計算を実行し，その結果のみを得るためのプライバシー保護技術です（図 **1.4**）．

多くの場合，データ解析の目的は対象の統計的傾向を理解することにあります．そのような場合には，解析者は必ずしも個別の人物に関するデータそのものを閲覧する必要がありません．秘密計算はデータそのものは提供/閲覧せずにデータ解析の結果のみを取得する技術として広く研究されています．

たとえば，ある病院は患者の肺がんに関する罹患状況を記録したデータベースをもっているとします．また，ある健診実施機関は対象者の喫煙歴の有無を記録したデータベースをもっているとします．病院では肺がんの罹患

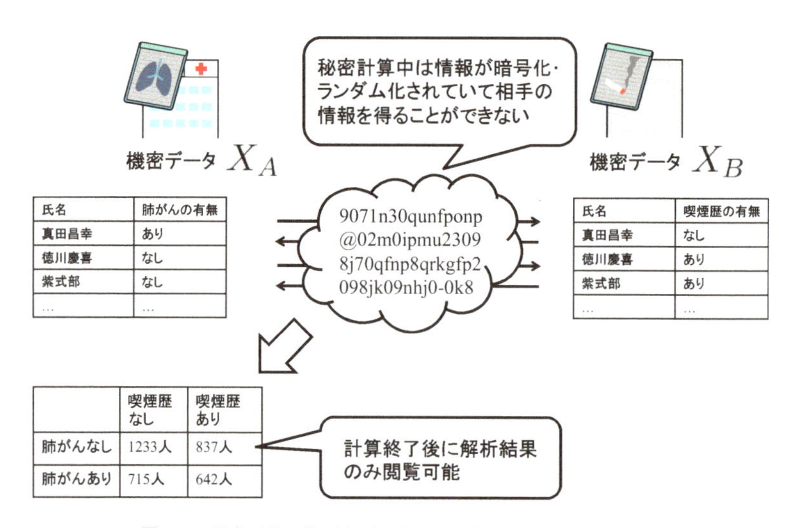

氏名	肺がんの有無
真田昌幸	あり
徳川慶喜	なし
紫式部	なし
…	…

氏名	喫煙歴の有無
真田昌幸	なし
徳川慶喜	あり
紫式部	あり
…	…

	喫煙歴なし	喫煙歴あり
肺がんなし	1233人	837人
肺がんあり	715人	642人

図 1.4 秘密計算に基づくプライバシーを保護したデータ解析.

と喫煙歴の関係を調査するために，肺がんの罹患の有無と喫煙歴の有無について 2×2 の集計表を得たいと思っていますが，病院も健診実施機関もプライバシー上の問題からデータを互いに共有することができません．そのような場合，秘密計算を用いると，両機関は互いに自分の情報を相手方に見せることなく集計表のみを計算することができます．

秘密計算は個別の情報を暗号化したりランダム化したりすることによって秘匿性を確保しつつ，暗号化やランダム化された情報を用いて必要なデータ解析を実施します．秘密計算は計算過程における情報漏えいのリスクを理論的に極めて小さくすることが可能です．一方で，秘密計算は解析結果そのものを出力（公開）しますから，差分プライバシーの文脈で議論した，解析結果として公開された出力から入力である個人の情報が推測されるリスクは依然として残ります．この推測のリスクを制御するためには，秘密計算と差分プライバシーを組み合わせて用いる必要があります．

Chapter 2

パーソナルデータ提供におけるプライバシーの問題

2章では，公的医療データ，検索履歴，映画のレビュー，タクシーによる移動履歴，人名による検索など，個人にかかわる情報を提供することによってプライバシー侵害が引き起こされた4つの事例について議論するとともに，パーソナルデータの提供に伴う代表的な5つのリスクである特定，連結，連絡，属性推定，直接被害を例示します．

本書では，日本の個人情報保護法における個人情報*1を個人情報と記述することにします．一方，個人の活動にかかわるさまざまな情報を蓄積した情報（メールアドレス，オンラインサービスやSNSのアカウント情報や履歴情報など）は，従来の法律の枠組みにおいて個人情報に該当するかどうか明確になっていませんが，プライバシー上の問題が存在するような種類の情報も存在します．本書では，このような情報をパーソナルデータと記述することにします．

---

*1 生存する個人に関する情報であって，当該情報に含まれる氏名，生年月日その他の記述等により特定の個人を識別することができるもの（他の情報と容易に照合することができ，それにより特定の個人を識別することができることとなるものを含む．）

2.1 パーソナルデータ提供にかかわるプライバシーの侵害

複数の個人に関する情報を集約したパーソナルデータの提供におけるプライバシー上の問題には，以下が知られています．

1. **特定:** ある個人と一意に結び付く情報（たとえばマイナンバーや運転免許番号など）が取り除かれ，どの個人に関するデータであるかわからないデータについて，そのデータを該当する個人と再び結び付けることを指します（図 **2.1**）．
2. **連結:** ある個人に関するデータを，同一人物に関する別のデータと結び付けることを指します．連結は，個人の特定がされている・いないにかかわらず起こりえます（図 **2.2**）．
3. **属性推定:** ある個人に関するデータの一部が削除，あるいは抽象化されているときに，それを復元あるいは推定することを指します．属性推定は，個人の特定がされている・いないにかかわらず起こりえます．
4. **連絡:** ある個人に関するデータを保持する者が，何らかの手段でその個人に連絡することを指します．たとえば，その個人を訪問する，郵便物を送る，電話をかける，メールを送るなどが含まれます．特定と連絡は同一視されることもあります．その個人の住居を直接訪問した場合には特定と連絡は同一視できるでしょう．一方，対応する個人が特定できないメールアドレスを通じての連絡は，特定を経ない連絡といえます．
5. **直接被害:** ある個人に関するデータを保持する者が，その個人に直接的な被害を与えることを指します．たとえば，その個人のクレジットカード番号を無断使用する，他者のソーシャルネットワークサービスのアカウント情報を使用し，アカウントを無断で使用停止する，または本人の意図に反する情報を無断で書き込むなどは，直接被害といえます．直接被害も，その個人が特定されている・いないにかかわらず起こりえます．たとえば，誰の物かわからないクレジットカード番号を無

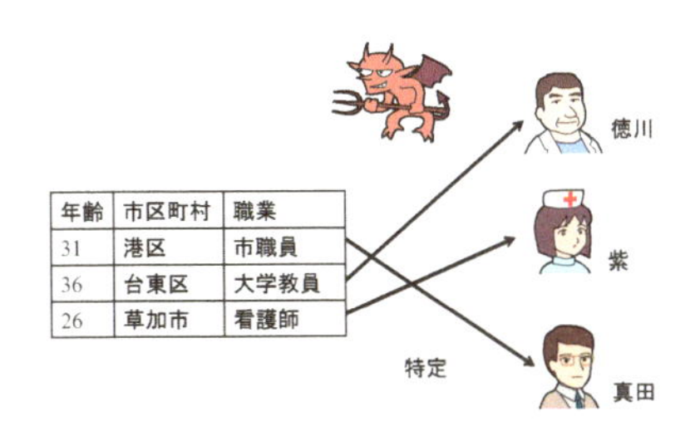

年齢	市区町村	職業
31	港区	市職員
36	台東区	大学教員
26	草加市	看護師

図 2.1 パーソナルデータの特定.

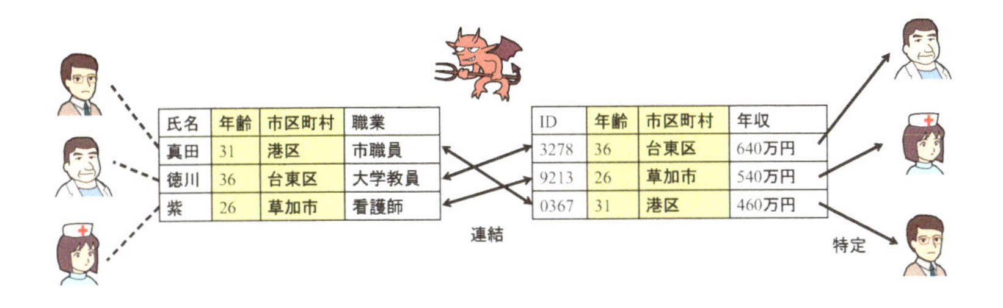

氏名	年齢	市区町村	職業
真田	31	港区	市職員
徳川	36	台東区	大学教員
紫	26	草加市	看護師

ID	年齢	市区町村	年収
3278	36	台東区	640万円
9213	26	草加市	540万円
0367	31	港区	460万円

図 2.2 パーソナルデータの連結.

断利用することは，特定を経ずに直接被害を引き起こしているといえます.

日本の個人情報保護法において，明確に配慮が必要なリスクは特定，連絡および直接被害です．また一般常識として，個人の特定を直接的に可能にする情報（マイナンバーや氏名など），個人への連絡を可能にする情報（電話番号など），金銭的な損害など個人に直接被害を与える情報（クレジットカード番号やオンラインサービスのアカウント名とパスワードなど）の取り扱いには配慮が必要であることは広く共有されているといっていいでしょう．しかし，これらの情報を取り除いたからといってプライバシー上の懸念が完全に取り除かれるわけではありません.

また，パーソナルデータのずさんな扱いが露見した場合には，広く世論から批判を受けることとなり，信用の低下につながります．このような評判リスクを適切に管理する上で，それが個人情報に該当する場合には法令遵守が必須です．個人情報に該当するかどうかがグレーな場合であっても，各個人の不安感に配慮しつつ，パーソナルデータ利用においてプライバシーの保護を重視する世論を重視することは重要です．

以下に紹介する事例は，パーソナルデータの提供に関して主に米国で起きた事件です．いくつかの事件では実際に特定や連絡が発生していないにもかかわらず，プライバシー上の問題があると見なされ，データ提供が中止されています．

以下の事例において，多数の個人に関するパーソナルデータを保持し，それを第三者に提供する者を**データ提供者**，提供されたデータを利用するものを**データ利用者**，データ利用者のうち，特定あるいは任意の個人に関する何らかの情報を得ようとする者を**攻撃者**，データ提供者に自身のデータを預け，意図せず自身の情報が明らかにされた個人を**犠牲者**と呼ぶことにします．

2.1.1 マサチューセッツ州の事例

マサチューセッツ州の Group Insurance Comission(GIC) は，135,000 人の州職員とその家族について，医療保険に関連する情報を収集していました．その情報には本人の氏名，性別，郵便番号，生年月日に加えて，人種，医療機関の訪問日，診断結果，治療内容，請求総額などが含まれていました．GIC はそのデータから氏名を取り除いた上で，研究者に配布し，民間企業に販売していました．一方，マサチューセッツ州ケンブリッジの選挙人名簿は$20 で購入できました．選挙人名簿には選挙人の氏名，性別，郵便番号，生年月日に加えて，住所，登録日，支持政党，最終投票日などが含まれていました．

Sweeney は，この 2 つのデータに含まれる同一個人に関するデータを，性

図 2.3 医療保険データの選挙人名簿との連結による特定．

別，郵便番号，生年月日を手がかりに結び付けることができることを指摘しました [32]（図 **2.3**）．このことは 2 つのプライバシー上の問題を引き起こします．1 つは，個人を特定する情報が取り除かれていたはずの医療保険データが，選挙人名簿との照合によって再び個人が特定できる情報に復元されてしまったことです．これを特定と呼びます．もう 1 つは，医療に関係する情報は本来含まれていない選挙人名簿に，医療保険のデータを結び付けることによって，選挙人名簿から本来は知り得なかった個人の医療に関係する情報を新たに知ることができるようになったことです．これを連結と呼びます．

医療保険データの側から見れば，選挙人名簿の情報を用いて特定が発生したことになります．選挙人名簿の側から見れば，医療保険データの情報を用いて連結が発生したことになります．プライバシー上の問題が，注目するデータによって異なる用語で説明されることに注意してください．

当時のマサチューセッツ州知事の William Weld は，ケンブリッジ在住でした．ケンブリッジの選挙人名簿によれば，6 人が彼と同じ生年月日をもち，そのうち 3 人が男性で，彼と同じ郵便番号をもつ人は他にいませんでした．よって，提供情報のみから William Weld 州知事の病院での診断結果や治療内容が知ることができたということになります．

この事例は，データベースからマイナンバーなど個人と一意に結び付く情報を取り除いたとしても，特定の人の情報を突き止められる（特定される）可能性があることを示しています．

2.1.2 AOL の事例

インターネットサービス会社 AOL は，3 ヶ月間にわたる 650,000 人のユーザーの検索ログ（ユーザー名，検索語とクリック後遷移先 URL の組）約 2 千万行を研究目的で提供しました．ユーザー名はランダムな番号に置換されていましたが，検索語には個人を特定できる語が多く含まれていました．たとえば，No. 4417749 のユーザーの検索語には，“landscapers in Lilburn, GA”（ジョージア州 Lilburn の庭師），Arnold 姓の複数の名前，“homes sold in shadow lake subdivision gwinnett county georgia”（ジョージア州 Gwinnett 郡 Shadow lake 分譲地の売家）などが含まれていました．これらを手がかりとして電話帳などの公開データとの組み合わせることによって No. 4417749 のユーザーが Therma Arnold という人物であることが特定されま

公開されたユーザの検索ログ

user	検索語	遷移先
4378512	Japanese food	http://www.japan-guide.com/...
4417749	landscapers...	~~~~
4417749	Arnold ...	~~~
4417749	Homes sold in ...	~~~~
4632819	horror movies	~~~
4632819	poltergeist	~~~~~
4890321	netflix	https://www.netflix.com/

推測による特定

電話帳

name	Address	Phone number
Smith Adam	Atlanta, Ga.	yyy-yyy-yyyy
Taylor Carter	Atlanta, Ga.	zzz-zzz-zzzz
Thomas Cristian	Lilburn, Ga.	xxx-yyy-zzzz
Therma Arnold	Lilburn, Ga.	xxx-xxx-xxxx
White Lucas	Lilburn, Ga.	xyz-xyz-xyzz
Harris Conner	Lilburn, Ga.	xxx-xxx-yyyy

図 2.4 検索ログからの個人の特定.

した（**図 2.4**）*2．このことは，データベースが直接的に個人を特定するための情報を含まないとしても，特定の個人と結び付けることは可能であることを示しています．この事件を通じて，AOL は検索ログの提供を取りやめました．

マサチューセッツ州の事例と AOL の事例は両方とも特定が発生していますが，その経緯が異なります．マサチューセッツ州の事例では，個人を特定する情報を含むデータを，別の定型的なデータと照合することで機械的に特定が行われました．定型的なデータとは性別や年齢など，データの形式が明示的に定められているデータを指します．AOL の事例では，非定型な検索語から，個人を特定できる情報やその手がかりが人手で抽出され，電話帳やその他の背景知識を組み合わせることによって，データ単体から特定が行われました．非定型なデータとは検索語や自由文など，データの形式が明示的に定まらないデータのことです．

この事例はデータベースのような機械的に処理可能な定型的なデータでなくても，その提供には注意が必要であることを示唆しています．自由文を含む非型形データにはあらかじめどのようなデータが含まれているか列挙することが困難であるため，個人を特定できる情報が混入しやすい傾向にあります．攻撃者の能力（コンピュータによる網羅的な特定か，人手による一部レコードの特定か）によって，特定の起こりやすさは変化します．また機械学習技術の発展によって，現在では人間の認識・判断能力に基づかなければ不

*2 http://www.nytimes.com/2006/08/09/technology/09aol.html

可能であると思われているような特定が，コンピュータによって高精度かつ網羅的に可能になりつつあることは認識しておく必要があります．

2.1.3 Netflix の事例

オンラインの動画ストリーミング会社 Netflix は，推薦アルゴリズムのコンペティションを目的として，1999〜2005 年の間に約 48 万人の利用者が評価した映画のレイティング値約 1 億件を提供しました．このコンペティションは当時としては破格に巨大な実データの提供が行われたとともに，100 万ドルの賞金が設定され，研究者の間では大きな話題となりました．提供データは，全データではなく 10%以下にサンプリングされたデータでした．サンプリング手法は公開されていませんが，少なくとも 20 種類の動画のレイティング値を提供している利用者が選択されていることが提供データからは示唆されます．利用者を直接的に特定する情報は，提供データ中のレコードからは取り除かれていました．

Narayanan らは，このような特定を防ぐ処理が施された Netflix データにおいて，攻撃者が犠牲者を一意に特定できる条件を統計的に導きました [25]．攻撃者は提供された匿名の Netflix データから，ある特定の個人のデータを見つけ出そうとしているとします．このとき，もし攻撃者が以下のような背景知識をもつならば，個人の特定が可能であると主張しました（図 **2.5**）．

- その個人が過去に与えた 8 つの映画についてのレイティング値を知っており，そのレイティング値を与えた日付が 2 週間単位の精度（たとえば 20xx 年 y 月 1 日〜15 日の間など）であるならば，99%の確率でその個人のレコードを特定可能である．
- その個人が過去につけた 2 つの映画のレイティング値を知っており，その映画にレイティング値を与えた日付が 3 日単位の精度（たとえば 20xx 年 y 月 1 日〜3 日の間など）であるならば，68%の確率でその個人のレコードを特定可能である．

このことは，攻撃者がある個人の私生活に興味があり，ごく少数の映画について，その個人の好みを知ることができるなら，Netflix データからその個人

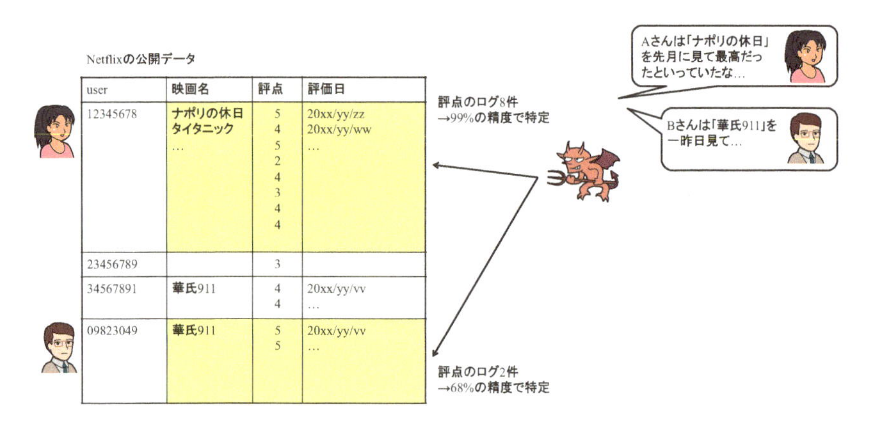

図 2.5　Netflix データからの個人の特定.

を特定できることを意味します．またレイティング値を含むレコードの特定に伴い，その個人が明らかにしていない映画の好みについても高い確信度で推定できる場合があることを意味しています．

Narayanan らは，さらに Netflix データが Internet Movide Database(IMDb) から取得できるデータ（映画に対するレイティングと批評を含む）と，レイティング値を手がかりとすることで連結可能な場合があることを報告しています [25]．具体的には，50 人の IMDb ユーザーのうち 2 人のユーザーの IMDb 上のデータが，2 人の Netflix ユーザーと同一人物であろうことが高い確信度で推定されたと主張しています．

複数のパーソナルデータの連結は，特定とは異なるプライバシー上の懸念を引き起こすことがあります．たとえば，IMDb データには，映画に対する批評文が含まれます．連結されたユーザーが残した映画『華氏 911』に対するコメントは，このユーザーの政治的傾向を如実に表していました．もしこのユーザーが匿名であることを前提に IMDb において政治的主張を明らかにしていたのだとしたら，このような連結は，ユーザーの意図に反してその政治的主張の発信者を明らかにしてしまったということになります（図 **2.6**）．

Narayanan らの実証は同じ映画に関するデータ同士の連結を試みたものですが，連結に用いたアルゴリズムは必ずしもデータの種類を選びません．2 つのデータセットの間に何らかの共通する項目が存在すれば，連結される

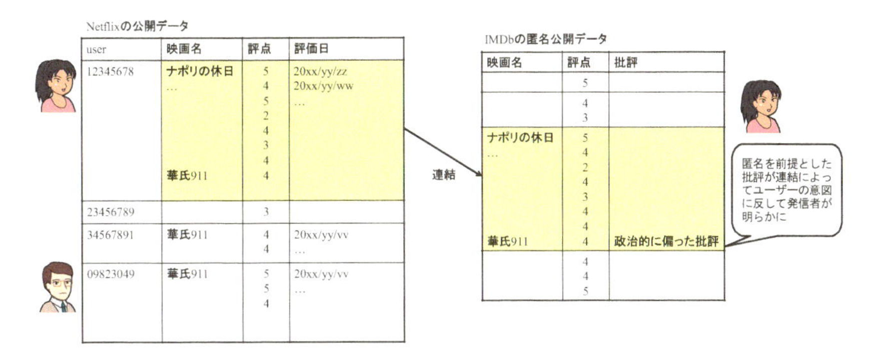

図 **2.6**　Netflix データと IMDb データの連結.

可能性があることに注意が必要です．Netflix はこの一連の経緯を受け，コンペティション用に提供していたデータセットの提供を取りやめました．

Narayanan らの実証では，個人の特定が発生したとは報告していませんでしたが，Netflix アカウントと IMDb アカウントの連結が発生しました．もし攻撃者の攻撃対象が特定の知人や著名人などであって，攻撃者がその個人の Netflix アカウント名（あるいは IMDb アカウント名）を知っているならば，個人の特定が発生したといえます．仮にある Netflix アカウントがどの個人のアカウントであるかわかっていない場合でも，そのアカウント自体の知名度が高く，そのアカウント名で社会的な活動を行っている場合（たとえば本名を明かしていないが著名なブロガーなどである場合）には，このような連結によってそのアカウントの評判に影響を与えることがありえます．こういったアカウント自体も個人と類似した存在であると考えるならば，連結は特定と変わらないリスクをもつといえます．

2.1.4　NY 市 Taxi Ride の事例

New York City Taxi and Limousine Commission は，FOIL（The Freedom of Information Law，日本でいうところの情報公開制度）に基づいて約 1.73 億レコードのタクシー乗降履歴を提供しました．各レコードは，乗車/降車地点の緯度経度と乗車/降車時間を記録しています．また，個別の乗車記録がどのタクシーの記録であるか特定されないために，タクシー免許証番

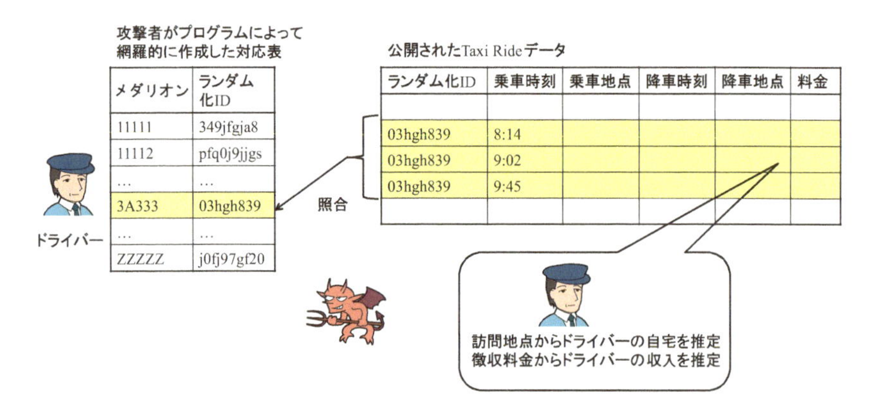

図 2.7 タクシー乗降履歴におけるタクシードライバーの特定と居住地の推定.

号 (hack license) とメダリオン（ナンバープレートに掲示される識別番号）はランダム化されていました.

この乗降履歴データには2つの問題がありました. 1つはタクシー免許証番号やタクシーIDの不完全なランダム化による, タクシードライバーの特定の問題です. Taxi Rideデータに記載されていたランダム化されたタクシー免許証番号やメダリオンは, ある程度のプログラミングの知識があれば簡単に元の免許番号やメダリオンに戻すことができるような方法を採用していました. そのため, 個別の乗降履歴についてメダリオンやタクシー免許証番号を復元することが可能でした (図 **2.7**). さらに, 同一のタクシーには同一のランダムな識別番号が与えられ, それが提供データの全期間にわたって使われているため, 特定のタクシードライバーの移動履歴からその住所などが高い確率で推測されました. また徴収料金データも提供されているため, 特定のタクシードライバーの収入も推測することができました.

もう1つの問題は, 乗客のプライバシー問題です. メダリオンはタクシーの外部から確認することができます. たとえば, ある人がタクシーに乗ろうとしている写真がブログに掲載されたとします. その地点と時間が写真から判明し, そのタクシーのメダリオンを写真から読み取ることができれば, 該当するタクシーの乗降履歴データを追跡することで, その乗客の行き先がどこであったかを推定することができます. 具体的には, Brad Cooper（アメリカの俳優）のタクシー乗車写真から，彼が Greenwich Village で降車し，$10.50 を支払ったことが判明したと報告されています．また，賭博場や歓楽街で降車した乗客がどこから乗車したかを地図上に表示することは難しくありません．もし自宅からタクシーに乗車した場合，特定の日に特定の賭博場や歓楽街を利用した人の住所を推定できることになります．このデータは 2016 年現在も提供されています．

タクシードライバーや Brad Cooper の事例は，個人と一意に結び付く情報の不完全なランダム化が復元の原因となっていることから，適切なランダム化手法を用いることで問題を解決することができます．一方で，特定の人の情報を知ることを目的としていない賭博場や歓楽街の事例は，純粋に降車履歴から賭博場や歓楽街を訪問した者といったように属性を絞り込み，乗車履歴から居住地や職場などの推定を行っています．このような攻撃は不完全なランダム化に基づいているわけではなく，このような方法でのデータ提供そのものがもつ問題であり，より対策が難しい事例といえます．

2.2 パーソナルデータの利用とプライバシー保護技術

プライバシー保護技術の適用においては，パーソナルデータをサービスに利用したい，統計解析を実施したい，という動機が存在することが前提です．逆にいえば，パーソナルデータの保管や管理が問題であるならば，プライバシー保護技術ではなくセキュリティ技術の適用対象であることを強調しておきたいと思います．

たとえば，データを相手方に送信するときに，通信路上における盗聴リスクを想定するならば，これはデータ利用におけるプライバシー保護の問題ではなく，情報通信におけるセキュリティの問題です．また大量のパーソナルデータを保有する事業者が，そのデータを外部の攻撃者からのぞき見られるリスクを想定するならば，これはストレージやデータベースシステムにおけるシステムセキュリティの問題です．

パーソナルデータを何らかの目的で利用したい，しかしデータ解析の過程やデータ解析の結果から，プライバシー上の問題（たとえば特定）が起こらないようにしたい，という矛盾した要請を技術的に解決する手段がプライバシー保護技術に相当します．

Chapter 3

パーソナルデータ提供におけるデータの構成要素

3章では，パーソナルデータを構成する要素について説明します．個人を特定する識別情報，必ずしも個人を特定するとは限らないが識別情報として働きうる情報，差別を引き起こしうる情報，個人情報の集合に関する情報，標本データと悉皆（しっかい）データなどに関する議論を含みます．

3.1 パーソナルデータの実例とデータの種別

本書では複数の属性の属性値を含むひとまとまりの情報を**レコード**と呼び，レコードの集合を**データベース**と呼びます．以降の議論のために，2つのパーソナルデータの例を導入します．

1つ目のデータ（表**3.1**）は，個人の属性，生活習慣と既往歴をまとめた，ある医療保険会社が保持するデータベーステーブルの例です．このデータのように，1人の個人の情報が1つのレコードのみに含まれるデータを**個人属性データ**と呼ぶことにします．個人属性データでは，たとえば1行目の真田昌幸の情報は，その他の行には現れません．

2つ目のデータは表**3.2**と表**3.3**の2つからなる，ある物販会社の利用ユーザーの情報（ユーザーマスタ）とサービス利用履歴をまとめたデータベーステーブルの例です．利用ユーザーの情報は個人属性データです．物販会社は

表 3.1　個人属性データの例: 生活習慣と既往歴の個人属性データ.

マイナンバー	氏名	年齢	性別	住所	職業	飲酒量 (g/日)	既往歴
339829Q	真田昌幸	31	男	東京都港区芝 X-Y-Z	市職員	40	大腸がん
889093X	徳川慶喜	36	男	東京都台東区谷中 7-X	大学教員	20	大腸がん
099878L	紫式部	26	女	埼玉県草加市遊馬町 X-Y	看護師	5	喘息
354103R	荻野吟子	28	女	埼玉県川口市新井宿 X	医師	5	アメーバ赤痢
408771S	松平定信	94	男	東京都渋谷区松濤 X-Y-Z	無職	40	糖尿病
229046G	樋口一葉	101	女	沖縄県那覇市東町 X-Y	小説家	20	糖尿病
754321A	武田勝頼	53	男	青森県青森市緑 X-Z	市職員	20	肺がん
905473R	内村鑑三	33	男	埼玉県春日部市豊野町 X-Y	会社員	30	うつ病
…	…	…	…	…	…	…	

ポイントカードと結び付いたサービス ID を利用して，同一人物による購買行動にかかわる購買物品，購買日時，購買店舗を結び付けることができます．表 3.3 のデータのように，1 人の個人に関するデータが複数のレコードにわたって含まれるデータを**履歴データ**と呼ぶことにします．たとえば表 3.3 においてサービス ID murachan のデータは，1，4，6，8 行目に出現しています．

本書では個人の属性情報を以下の 5 つに種別して取り扱います．

1. 識別情報
2. 履歴情報
3. 要配慮情報
4. 連絡情報
5. 個人に被害を与える情報

以下，それぞれについて説明します．

3.2　識別情報

3.2.1　直接識別情報と間接識別情報

パーソナルデータから構成されるデータベースが与えられたときに，あるレコードを 1 人の個人に結び付けることを**特定**と呼びます．また，それ単

表 3.2 物販会社のユーザーマスタ.

マイナンバー	サービス ID	氏名	性別	年齢	住所	カード番号	メールアドレス
339829Q	sanapon	真田昌幸	男	31	...	99...xx	msanada@mail.com
905473R	ucchi1985	内村鑑三	男	33	...	59...xx	ucchi1985@service.jp
099878L	murachan	紫式部	女	26	...	99...xx	murasaki@umail.com
013214H	shozan.s	佐久間象山	男	23	...	87...xx	sakuma.s@mail.com
...	...	...	...	...	...	...	...

表 3.3 履歴データの例: 物販会社のサービス利用履歴.

サービス ID	購買物品	購買価格	購買日時	購買店舗
murachan	人参	100 円	2021/2/3 18:09	C マート代田 2 丁目店
takepon23	バナナ	150 円	2021/2/4 21:13	C マート伊奈谷店
ucchi1985	聖書	2000 円	2021/2/4 21:15	C マート小石川店
murachan	妊娠判定薬	450 円	2021/2/4 21:16	C マート渋谷店薬局
shozan.sakuma	焼肉弁当	520 円	2021/2/4 21:18	C マート松代店
murachan	チョコドーナツ	120 円	2021/2/4 21:16	C マート A 大学店
takepon23	タバコ	490 円	2021/2/5 21:34	C マート伊奈谷店
murachan	おいしい水 2L	70 円	2021/2/4 21:16	C マート代田 2 丁目店
...	...	...	...	...

体で直接に個人の特定を可能にする情報を**直接識別情報**と呼ぶことにします. 指紋データや顔認識データ, 個人の遺伝情報などのうち, 個人を特定できるように加工された情報は, 直接識別情報となります. また表 3.1 でも使われているマイナンバーや, その他運転免許番号など, 永続的に変更されることがなく, 広く一般的に本人確認に使うことができる情報も直接識別情報となります.

氏名は同姓同名者がいることがありますから, 常に特定が可能とはいえません. ただし, データベースが限られた特徴をもつ個人の集団 (たとえば, ある会社の社員名簿や特定サービスの利用者情報リストなど) である場合には, 同姓同名者が存在する確率は低くなりますし, そもそも珍しい名前をもつ者は特定性が高いですから, 氏名も直接識別情報に準ずる情報として扱うべきでしょう.

ある情報が直接識別情報として振る舞うか否かは, その情報を手にした者の立場, より正確にはその背景知識に依存する場合があります. たとえば, 表 3.3 のサービス ID はマイナンバーや運転免許番号のように広く利用されているIDではありませんから，レコードを識別可能な状態にはしますが，通常はそれ単体では個人を特定することができません（識別と特定の違いについては3.2.2節で詳しく説明します）．しかし，表3.2のデータをもつ者にとっては，サービスIDから直接識別情報を直ちに参照できますから，サービスIDは実質的に直接識別情報として扱う必要があります．

個人に関する不変な情報であって，それ単体は個人を識別可能な状態にしませんが，複数組み合わせることによって個人を識別しうる情報を**間接識別情報**と呼びます．表3.2の例では，年齢（あるいは生年月日）や性別などがこれに当たります．年齢を与える生年月日や性別は個人に関する不変な情報です．また，年齢や性別単体では個人を識別できませんが，複数の間接識別情報を組み合わせることによって，個人を識別可能な状態にすることができます．また，これを外部の情報源と照合することによって，個人を特定できる場合があります．

たとえば従業員100人の会社の社員名簿は，氏名が削除されていても，生年月日や性別などの情報が掲載されていれば，個人が識別可能な状態になる場合もあるでしょう．そのような状態において，直接識別情報を含む外部情報源との照合がなされれば，間接識別情報を経由した特定が起きたといえます．このような特定については4.2.1節にて再度詳しく説明します．

個人に関する不変でない情報は，不変な情報に比べ，特定を引き起こしにくいと考えられます．たとえば，表3.2に記載はありませんが，役職や趣味などは時間とともに変化しますから，これらによる照合が必ずしも正しい特定を与えるとは限りません．このような理由で本書では，間接識別情報の条件に不変性を入れています．

個人の居住地を表す住所は，さまざまな側面をもつ扱いが難しい情報です．丁目と地番を含む住所は居住地を特定しますから，世帯についての直接識別情報と解釈することもできます．また，本人を訪ねてその場所に直接訪問することも可能にしますから，（後に説明する）連絡情報としての性格ももちます．都道府県のみ，あるいは都道府県および丁目など，具体的に住居が特定できない情報は間接識別情報として扱うことが妥当でしょう．

直接識別情報の有効期間

ある情報が直接識別情報であるか否かを議論する上で，情報をある期間に限定して議論する必要がある場合があります．マイナンバーのように，同じ番号が違う個人に付番されないことが永続的に保証される情報では，任意の期間において直接識別情報として働くことが保証されますから，期間の固定は不要です．一方で，たとえば電話番号は解約に伴い一定の空白期間をおいて別の人物の電話番号として再利用されることがあります．サービス ID などでも同様です．このように長い期間で見れば，1 つの情報に 2 人の個人が割り当てられることがある情報を直接識別情報と取り扱う場合には，その期間について注意が必要です．

3.2.2 識別と特定の違い

識別と特定は異なる概念です．ある者が複数の個人に関する情報を保持しているとします．この情報を D とします．特定とは，D が直接識別情報を含んでおり，その個人が誰であるのかを指し示すことを意味しています．たとえば表 3.1 では，どのレコードも，マイナンバーなどの直接識別情報を含みますから，直ちに個人を特定することができます．

識別とは，D が直接識別情報を含まないときに，D に含まれるある個人に関する情報が，具体的にどの個人の情報であるのかまではわからないが，それが誰か 1 人の個人であることがわかるような状態にあることを指します．攻撃者が，D とは別に，外部から D に含まれるある個人の直接識別情報とそれに結び付く何らかの間接識別情報を取得したとき，D においてその個人のレコードが識別可能な状態にあるならば，その個人は特定される可能性があります．

たとえば表 4.1（40 ページ参照）のデータは，直接識別情報を含みませんから，ID と直接識別情報の対応表を別途保持していない限りそこに含まれる個人を直ちに特定することができません．一方で，表 4.1 のレコード，たとえば，1 行目の ID 8827 のレコードについて，年齢，性別，都道府県 + 市区町村，組み合わせ（31 歳，男，東京都港区）などの間接識別情報は，データ全体にわたってそれと同じ組み合わせをもつレコードが他にありませんから，このレコードは識別可能な状態にあるといえます．

また外部から表 3.2 を取得したとします．表 3.2 は，直接識別情報と，表 4.1 と共通する間接識別情報（年齢，性別，住所）を含みます．表 3.2 と表 4.1 の間接識別情報を照合することで，表 4.1 のたとえば 1 行目の ID 8827 のレコードが，マイナンバー 339829Q の真田昌幸であることを特定できます．これは識別可能な状態にあったレコードが，外部の情報と照合されることによって特定された例です．

また表 4.4（45 ページ参照）のレコード，たとえば 1 行目の ID 8827 のレコードについて，間接識別情報である年齢，性別，都道府県+市区町村，組み合わせ（[30-39] 歳，男，東京都）について，2 行目の ID 2478 のレコードが，それとまったく同じ組み合わせをもちますから，このレコードは識別可能な状態にはありません．

3.3　履歴情報

個人の活動にかかわる履歴の情報を，本書では**履歴情報**と呼びます．履歴情報とは，たとえばある個人による購買行動の記録（いつ，どの店で，どんな品物を購入したか），移動行動の記録（いつ，どの地点に滞在したか），Web 検索行動の記録（いつ，どの検索語で検索を行い，検索結果からどの URL をクリックしたか）などが含まれます．表 3.1 における飲酒量，既往歴や，表 3.3 における購買物品，購買日時，購買店舗なども，履歴情報に当たります．

履歴情報は本人の意思や周囲の状況によって容易に変化しますから，人物の特性を説明する永続的に変化しない属性とはいえません．履歴情報はこれらの点が間接識別情報と異なります．

履歴情報は個人の活動に関する情報ですから，それ単体で個人が特定されることはないものと通常は想定します．また履歴情報は多くの場合，時間経過に連れて蓄積される性質をもちます．

直接・間接識別情報と履歴情報は外形的には異なりますが，その境目は必ずしも明確ではありません．履歴情報は間接識別情報を類推させる情報を含む場合があるからです．そのような場合には履歴情報から個人が特定されることがあります．またブログや SNS などの発展に伴い，個人の履歴情報が公開情報として簡単に入手できる場合があります．このような情報を外部情報源とした照合によって，履歴情報から個人が特定されることがあります．

3.3.1 識別情報として働く履歴情報

履歴情報が識別情報として働く典型的な条件として，以下の性質をもつ情報が挙げられます．

1. **特異性**：履歴情報の一部に,まれにしか現れない特異な値が含まれる場合
2. **習慣性**：履歴情報に特定の値が頻繁に出現し，その人物の習慣を通じて不変な属性値が推測される場合
3. **一意性**：履歴情報のバリエーションが多く（あるいは数値属性である場合には精度が高く），同一の履歴情報が二度と出現しない場合

以下に，履歴情報が識別情報として働く具体的な例を説明します．

3.3.2 特異性

履歴情報であっても，まれにしか現れない特異な行動に関する履歴情報は識別情報として働く可能性があります．たとえば表 3.1 では，既往歴にまれな疾患などが記入されていた場合，既往歴から個人が特定されるリスクが高まります．既往歴にアメーバ赤痢とあった場合，日本では，この疾患の発症はまれであることから，この情報単独で個人が特定される場合があります．またまれにしか売れない商品（高額商品など）の購買履歴は特定の手がかりとして有力です．不動産の購買履歴は特異性が高いだけでなく，それを購入した人物が居住する住宅の場合は居住地を推測できます．

3.3.3 習慣性

履歴情報であっても，習慣的に繰り返し出現する履歴情報は識別情報を推測させることがあります．表 3.3 において，特定の店舗における頻繁な購買の履歴があった場合には，その人物の住居や職場がその店舗近辺にあることが推測されることから，間接識別情報としての性格をもちます．また，GPS から取得された移動履歴も履歴情報として扱われますが，GPS データは精度が高く，住居や職場をピンポイントで推測させることに注意が必要です．

表 3.3 においてサービス ID murachan に焦点を当てると，この人物は妊娠判定薬を購入していることから，性別は女性と推測されます．C マート A 大学店での購買行動から，A 大学の学生であることが推測されます．また C マートにおける頻繁な生鮮食料品の購入から，住居は代田 2 丁目付近であることが推測されます．性別，職業，住所の組み合わせは，特定の可能性を十分もつ間接識別情報といえるでしょう．

3.3.4 一意性

サービス履歴はその性質上，大規模なデータになることがあります．たとえば 1 週間分のデータでも数億行を超えるような規模になります．膨大な数のレコードから特定の個人に関するレコードを見つけ出すことは，直感的には非常に困難に感じられます．しかしレコード数の多さは，特定の困難さとは直接は関係ありません．特定を試みる攻撃者の背景知識に，そのレコードを探し出すキーとなる情報が含まれるならば，多数のレコードから個人を特定することは難しくないからです．

このような場合，多数のレコードから個人を特定するために，希少性や習慣性は必ずしも必要ありません．購買履歴を例にとれば，ありふれた商品をただ一度購入したというような一般的な履歴情報であっても，「特定の時刻に，特定の店舗で，特定の商品を購買した」履歴者はほぼ確実にただ 1 人です．ありふれたデータでも複数の属性を組み合わせることによって一意性をもちます．このとき，そのような条件に該当するレコードは簡単に特定できます．したがって，特定を試みる攻撃者にとって，特定の対象となる人物が「いつ，どこで，どんな商品を購入したか」を知る機会があれば，そのレコードを特定することは容易です．また GPS データや時刻情報などの数値データであって，そのデータが高い精度をもつ場合には，他の情報と組み合わせなくても，それ単独でほぼ確実に一意性をもちますので，攻撃者が別の情報と照合する際のキーとして利用される可能性があります．

3.4 要配慮情報

識別情報や履歴情報の中には，必ずしも特定に結び付かなくても，それ単体で取り扱いに配慮が必要な情報もあります．具体的には人種，国籍，宗教，犯罪歴，病歴，妊娠状態などが**要配慮情報**と呼ばれます．これらに基づいて何らかの意思決定が行われた場合，差別につながりかねないからです．表 3.1 の既往歴は，要配慮情報と考えられています．

識別情報として明示的に収集していない場合でも，履歴情報にこのような情報が意図せず含まれる可能性があります．たとえば表 3.3 の購買履歴にある「聖書」は宗教上の信仰を，「妊娠判定薬」は妊娠状態を，「タバコ」は喫煙歴を推定させます．また移動履歴における刑務所，医療機関，宗教施設などへの訪問履歴も，取り扱いには配慮が必要な場合があります．賭博場や歓楽街などへの訪問履歴や利用履歴も，配慮が必要な情報といえるでしょう．

日本の個人情報保護法ではこういった情報を要配慮個人情報として，通常の個人情報よりもより慎重な扱い*1 をするよう求めています．要配慮個人情報には，人種，信条，社会的身分，病歴，犯罪の経歴などが含まれます．

3.5　識別情報／要配慮情報と履歴情報の境界

識別情報や要配慮情報と履歴情報の境界はあいまいであり，グラデーションをなしています．履歴情報のうち，機械的な処理の結果として直ちに識別情報として働くような情報は，はじめから特定の可能性を考慮して識別情報として扱う必要があるでしょう．識別情報として働きうる履歴情報であっても，それを識別情報として用いるには特殊な背景知識や特別なデータ解析技術を要する場合があります．このような識別情報として働きうる履歴情報を完全に除去することは非常に困難な課題といえます．機械的に照合可能な直接／間接識別情報を経由した特定は 5 章で導入する仮名化／匿名化の技術により防ぎつつ，高度なデータ解析技術による特定は法制度によって禁じることが現段階における現実的な対処といえるでしょう．

3.6　連絡情報

連絡情報とは，特定の個人に連絡することを可能にする情報のことです．具体的には，住所，電話番号，メールアドレスなどが含まれます．オンライ

---

*1　具体的には，本人同意を得ていない取得を原則禁止しています．

ンサービスのアカウント名も，その情報単体を用いて特定の個人に連絡をすることができるならば連絡情報であると考えてよいでしょう．COOKIE IDや携帯通信端末のID，Webページの URL はその情報単体を用いて連絡をすることができませんから，連絡情報に当たりません．連絡情報と識別情報の境界もあいまいであり，グラデーションをなしています．データに含まれる住所の情報が，その本人の住居や職場の住所である場合には，実際に本人を訪問することを可能にしますから，本人を特定していると考えることもできます．また，所属組織や本人名を含むメールアドレスも，実質的には識別情報といえます．

ただし，連絡に個人の特定は必ずしも必要ない場合があります．たとえば，誰のものかわからない電話番号や所属組織や本人名を含まないメールアドレスは，特別な背景知識なしには特定を引き起こしませんが，対象とする個人に連絡することは可能だからです．

3.7 個人に被害を与える情報

クレジットカード番号や銀行口座の暗証番号，オンラインシステムのサービス ID やパスワードなどは，その情報単体で個人に直接的に被害を与えることがあります．これらの情報は個人の特定やプライバシーとは直接関係ありませんが，識別情報などとともに記録されることが多く，取り扱いには注意が必要な情報です．

このような情報を用いて個人に被害を与える場合に，攻撃者が必ずしも個人の特定を必要とするわけではないことに注意してください．たとえば，サービス ID とそのパスワードが組となった情報が漏洩した場合，ID の持ち主である本人が特定されたわけではないですが，そのサービス利用権は奪われてしまいます．

3.8 データベースに関する情報

多数の個人から収集したデータのプライバシー問題を議論する上では，対象としているデータはどのような集団（母集団）であるか，データ収集は標本調査であるか，悉皆調査（全数調査）*2 であるか，標本調査であるとしたら標本はどのような条件で抽出されたのか把握する必要があります．このようなデータベースそのものに関する情報は，そのデータセットがもつプライバシー上のリスクを評価する上で重要です．

例として，表 3.1 のデータは従業員 100 人の企業 A の全員の健康診断データであるとしましょう．さらに，表 3.1 のデータからマイナンバーと氏名を取り除いて外部に提供したとしましょう．この提供データを得た攻撃者が，このデータは「従業員 100 人の企業 A の全員のデータ」であることを知っており，さらに攻撃者がこの会社のある従業員の年齢と性別を知っているならば，このデータベースにおいてその従業員は特定され，その既往歴などが知られてしまいます．企業 A の従業員の年齢と性別が提供されている場合でも，標本調査である場合には，攻撃者が想定する標的が提供データには含まれない可能性もありえますから，特定の可能性は低くなります．

この事例からわかるように，プライバシー上のリスクを正しく評価するためには，データベースに関する情報も必要です．ただし，データ提供において，これらの情報も常にデータとともに外部提供する必要があるわけではありません．データベースに関する情報の提供によってプライバシー上のリスクを増大させることがあるからです *3．

3.9 個人情報保護法との関係

日本の**個人情報保護法**では，個人情報を「生存する個人に関する情報であって，当該情報に含まれる氏名，生年月日その他の記述等により特定の個人を識別することができるもの（他の情報と容易に照合することができ，それにより特定の個人を識別することができるものを含む）」と定義しています．また本人の人種，信条，社会的身分，病歴，犯罪被害を受けた事実および前科・

---

*2 調査対象とする母集団に含まれるすべての個人のデータを対象とすることを全数調査あるいは悉皆調査といいます．

*3 汎用性の高いセキュリティ技術においては，安全性を保証するために用いた手法や技術を秘匿することによって，安全性を保証することは推奨されません．もし安全性を保証するために用いた手法や技術が意図せず公になった場合には，期待する安全性が広い範囲で保証されなくなる可能性があるためです．一方，プライバシー保護技術は，個別のデータベースに対してパラメータや手法をチューニングすることが多く，個別の手法や技術を秘密にすることで安全性を保証することが許容される傾向にあります．

前歴など機微な情報は要配慮個人情報と呼び，個人情報とは区別し，より慎重な取り扱いを求めています．

個人情報保護法では，本章で説明した直接識別情報のなかでも，それ単体で特定の個人を識別できる**個人識別符号**を定めており，これが含まれる情報は，直ちに個人情報となるとしています．個人識別符号は以下の要素を総合的に勘案して判断されます [39]．

1. 情報の機能，取り扱いの実態などを含めた社会的意味合い
2. 情報が一意であるかなど，個人と情報の結び付きの程度
3. 情報の内容の変更が頻繁に行われていないかなど，情報の不変性の程度
4. 情報に基づき，直接個人にアプローチすることができるかなど，本人到達性など

具体的には，マイナンバー，運転免許証番号，保険証番号など広く個人を識別するために与えられた識別符号や，個人識別に利用するために加工された指紋や顔画像情報などが含まれます．氏名，生年月日，性別，住所は住民基本四情報と呼ばれ，これらを含む情報も個人情報となります．

直接識別符号や住民基本四情報を含まなくても，簡単な操作で個人を識別できる情報と結び付くような情報を含む情報も個人情報となります（これを**容易照合性**と呼びます）．表 3.2 および表 3.3 の例では，ユーザーマスタは個人情報であり，ユーザーマスタとサービス利用履歴の両方に，同一個人を表すサービス ID を含みますから，サービス利用履歴は容易照合性があり，個人情報となります．

携帯電話番号，メールアドレスやオンラインサービスのアカウント名など，連絡情報自体が個人識別符号となるかどうかは判断が難しい問題です．ただし，メールアドレスのアカウント名やドメイン名が，氏名および所属組織を明示することがあります．そのような場合には個人情報として扱われるべきでしょう．

章末の囲み記事，「個人識別符号を巡る議論」は，このような判断の難しい個人識別符号の線引きに関する，内閣委員会における政府参考人の答弁です．

法律上は個人情報保護とプライバシー保護は異なる概念です．個人情報と

は，直感的には本人の特定に関わる情報です．プライバシーとは，本人が公開を望まない本人自身に関する情報や本人の行動に関する情報が公にされることに関わる概念です．本書ではプライバシー（保護）といった場合には，本人特定の問題を含む，プライバシーに関する問題全般を指しています．

3.10 技術と法制度

個人情報から特定リスクを完全に取り除き（いわゆる「完全な匿名化」），無害化した上で提供することができれば理想的です．しかし，プライバシーと有用性は常にトレードオフの関係にあり，パーソナルデータ提供における「完全な匿名化」の達成は不可能です．

直接識別情報や間接識別情報に起因する特定のリスクを制御することは，攻撃者の動機，攻撃者が特定に利用する背景知識，攻撃者の解析能力等を適切に想定することができれば，必ずしも難しいことではありません．しかし，一般的には攻撃者のモデルを適切に想定することは困難です．攻撃者について一切の仮定をおかず，なおかつ特定のリスクを一定以下に保つには，極論に聞こえますが完全にランダムなデータを提供する以外に方法がありません．

また履歴情報から間接識別情報が類推されないように加工することは，技術的には非常に困難な課題です．近年の機械学習技術の発展により，履歴情報からより抽象化された（間接識別情報を含む）詳細な個人の情報を推測することは高い精度で可能になりつつあります．データの質・量とデータ解析技術が飛躍的に進歩しつつある現在において，プライバシーを侵害する技術はプライバシーを保護する技術を圧倒しています．このように攻撃者が圧倒的有利な状況において，単純な技術的加工のみで特定のリスクを完全に取り除くことは到底不可能な課題といえるでしょう．

特定のリスクを適切に低減するには，データを収集する者，データを流通させる者，データを利用する者の「してもよい行為」と「してはならない行為」を明確に区分することが必要です．

対象とするデータの範囲を絞り込んだ上で「してもよい行為」の範囲を明確化することができれば，その範囲において特定のリスクを低減するプライバシー保護技術の構築は困難なものではありません．その範囲は，データの種類や量，データの利用目的によっても異なることが考えられます．攻撃者が通常想定される技術範囲を超えて，高度な技術を用いて特定を行うことを法制度によって規制することで，そのような攻撃を行う者にペナルティーを与えることができます．そのような攻撃が割に合わないような制度が構築されれば，本来起こるべきではない特定を，合理的に抑制できると期待できます．

個人識別符号を巡る議論（衆議院 内閣委員会 4 号 H27.5.8）

○平井委員: ... 個人識別符号は単体で個人情報となるので，何が政令で定められているかは産業界からも非常に注目されています．そこで，確認をさせていただきたいんですが，この個人識別符号には，たとえば，携帯電話の通信端末 ID，マイナンバー，運転免許証番号，旅券番号，基礎年金番号，保険証番号，携帯番号，クレジットカード番号，メールアドレス，また，いろいろな種類のあるサービス提供のための会員 ID は，それぞれ該当するのかしないのか，お答えいただきたいと思います．

○向井政府参考人: お答えいたします．まず，単に機器に付番されます携帯電話の通信端末 ID は，個人識別符号には該当しないと考えられます．一方，マイナンバー，運転免許証番号，旅券番号，基礎年金番号，保険証番号，これらは個人識別符号に該当するものと考えております．また，携帯電話番号，クレジットカード番号，メールアドレスおよびサービス提供のための会員 ID については，さまざまな契約形態や運用実態があることから，現時点におきましては，一概に個人識別符号に該当するとはいえないものと考えております．

個人識別符号を巡る議論（衆議院 内閣委員会 5 号 H27.5.13）

○泉委員（携帯電話番号について）... まさにプリペイドですとか法人契約の話が委員会で出ておりまして，そこが確かに気になるところ．一方では，たとえば，到達性，一意性という意味では，非常に携帯電話というのはそういうものであろうし，変えることができるかできないかでいえば，物理的には恐らくできる．しかし，経済的負担も伴うものですから，庶民の方々が一々何かあるたびに携帯電話の番号を変えるということにもなかなかならないということで，まさにそのプリペイド，法人と個人のもつ携帯番号というものは違うんだということで，今おっしゃっていただいた政令でというお話がありましたが，これは区分けは可能だというふうにお考えでしょうか．

○宇賀参考人　そこのところは，区分けをして決定するということも可能と考えております．

Chapter 4

パーソナルデータ提供のリスクと有用性

4章では，パーソナルデータの提供に伴い起こりうるプライバシー上のリスクのなかでも，特定，連結，属性推定について詳しく説明し，そのリスクを k 匿名性や母集団一意性に基づいて定量的に評価する方法について説明します．

4.1 データ提供のプロセス

データ提供にかかわる者として，個人，データ提供者，データ利用者の三者を考えます．データ提供は以下のプロセスによって行われます（図 **4.1**）．

1. **データ提供者**は個人からデータを収集する（パーソナルデータ）
2. データ提供者は，収集したデータをプライバシーが保護されるよう加工し，これを提供用のパーソナルデータとしてデータ利用者に提供する
3. **データ利用者**は提供用のパーソナルデータを入手しデータ解析を行う

データの解析目的がデータ利用者によってあらかじめ決められている場合には，データ提供者の側でデータ解析を実施し，そのデータ解析結果を利用者に提供した方が，データそのものを提供するよりも，プライバシー保護の

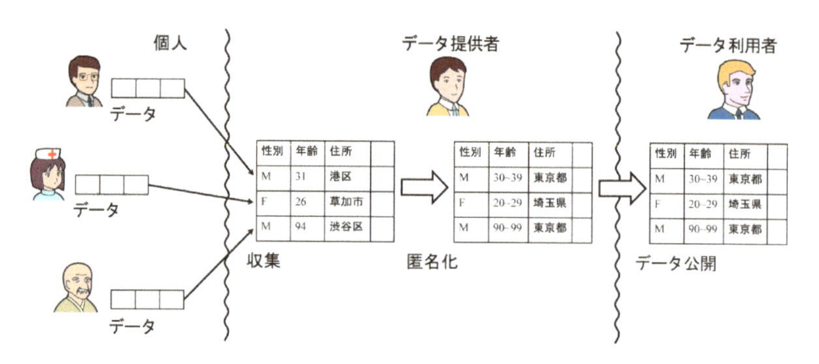

図 4.1 匿名化によるプライバシーを保護したパーソナルデータの提供.

観点から問題が少ないといえます．データ解析結果の方が，データ自体よりも含む情報が少なく，結果として特定を引き起こす可能性が少ないからです．ただし，以下のようなケースではデータ解析結果の提供では対応できません．

1. データ利用者の解析目的がデータ取得時点で決まっていない場合
2. データ提供者がデータ解析を実現する技術や計算資源をもたない場合
3. データ利用者の想定する解析手法が機密であり第三者に明かしたくない場合
4. データ利用者は提供用のパーソナルデータとデータ利用者の手持ちのデータを組み合わせてデータ解析を行う必要があり，データ利用者のデータも個人情報あるいは機密情報で提供できない場合
5. データ利用者の解析目的を第三者に明かしたくない場合
6. データ利用者の解析目的が特定のデータに関するものであり，どのデータの解析に興味があるかを第三者に明かしたくない場合

ケース 1，2 はデータ解析上のコストにかかわる問題です．ケース 3，4 はデータ利用者のデータ解析手法の機密性にかかわる問題です．ケース 5，6 はデータ利用者のデータ解析目的の機密性にかかわる問題です．

ケース 3〜6 は，秘密計算を用いて解決することもできます．秘密計算に

ついては10章以降で再度議論することにして，本章では，データ提供者は収集したデータについて，その形式を維持したままレコード形式でデータ提供する問題について議論します．

データ提供では，差分プライバシーや秘密計算と異なり，データ利用者がどのようなデータ解析を行うかをあらかじめ指定する必要がありません．この解析における自由度の高さは，データ提供の大きなアドバンテージです．その一方で，データ提供は差分プライバシーや秘密計算に比べて多くの情報を公開するため，プライバシー保護の保証はより弱いものになります．

4.1.1 データ提供における自明なリスクと非自明なリスク

3章ですでに議論したように，データ提供に伴うリスクには，特定，連結，連絡，属性推定，直接被害などが挙げられます．このうち，連絡および直接被害は自明なリスクです．これらは，それを可能にする情報（連絡の場合は電話番号やメールアドレスなど，直接被害の場合はクレジットカード番号やパスワードなど）を事前に提供用のパーソナルデータから削除することで自明に防ぐことが可能です．したがって，以下の説明では連絡および直接被害を引き起こす情報はデータ提供の前に削除されているものとします*1．

特定，連結，属性推定などは非自明なリスクです．これらへの対応は連絡や直接被害への対応よりも複雑です．直接識別情報を提供用のパーソナルデータから削除することで特定のリスクは低減されますが，後に詳しく議論するように，それだけでは不十分な場合があります．特定や連結のリスクはデータ提供モデル，攻撃者モデル，提供されるデータの構成要素，提供データベースに関する情報，データ加工手法などに応じて変化するからです．本章では比較的単純な仮定の下でこれらのモデルを具体化し，特定，連結，属性推定のリスクについて議論します．

4.1.2 データ提供において想定する攻撃者

提供用のパーソナルデータに含まれる個別の人物がその人物やデータ提供者の意図に反して特定されることには，プライバシー上の問題があります．

---

*1 連絡情報はそれ自体が個人に関する情報を含む場合があります．たとえば固定電話番号の市街局番はその人物が居住する市町村を表します．メールアドレスのドメインは利用サービスの種類を表します．このようなデータ解析にとって有用な情報には事前に抽出し，間接識別情報や履歴情報としてデータ内に残しておくことも考えられます．

そこでデータ提供者はデータ提供に先立ち，提供されたデータから個別の人物が特定されないように，元データを加工します．個別の人物が特定されるリスクを評価するために，提供用に加工されたパーソナルデータをもとに，提供されていない個人の情報を推測する攻撃者の存在を仮定します．データ解析におけるプライバシー上のリスクは，攻撃者がもつ計算能力，**背景知識**および攻撃アルゴリズムに依存します．これらを定義する**攻撃者モデル**はプライバシー上のリスクを議論する上で重要です．ここでは，以下のシンプルな攻撃者モデルを想定します．

1. 攻撃者はデータ利用者の 1 人として提供用のパーソナルデータをデータ提供者から入手します
2. 背景知識: 攻撃者は提供用のパーソナルデータ以外の情報源（外部情報，あるいは背景知識と呼ばれます）から，提供用のパーソナルデータに含まれる個人の間接識別情報の一部（あるいは間接識別情報の一部と直接識別情報の組）を入手します
3. 攻撃アルゴリズム: 攻撃者は収集した背景知識と提供用のパーソナルデータを単純に照合し，提供用のパーソナルデータに含まれる人物を連結（あるいは特定）します
4. 計算能力: 攻撃者の計算能力については特に仮定をおきません

攻撃者の背景知識に直接識別情報が含まれない場合には連結が起こります．背景知識に直接識別情報が含まれる場合には特定が起こります．このような攻撃者モデルが妥当かどうかは，提供されるデータの種類や，データ提供者，データ利用者，攻撃者の立場や動機に依存しますが，パーソナルデータ提供の文脈では，通常は上に定義したような単純な攻撃者モデルを想定します．より一般的な攻撃者モデルについては 6 章で再度議論します．

4.2 個人属性データ提供に伴う特定と連結

3 章ではパーソナルデータを個人属性データと履歴データの 2 種類に分類しました．両者は同じ形式で表現することもできますが，データ生成の過程

や想定される規模が異なるため，パーソナルデータ提供に伴うリスクも両者を分けて議論することにします．

4.2.1 個人属性データにおける特定と連結

個人属性データ提供に伴う特定を議論するために，医療保険会社が保持する表3.1のデータ提供を再び例にとります．

このデータでは，マイナンバーが直接識別情報となります．氏名も直接識別情報に準じる情報です．これらを提供した場合には，データ単体から直ちに特定が起こります．また，都道府県，市区町村および丁目の組み合わせからなる住所によって，それ単体で世帯の住居が一意に特定できます．住居の特定は個人の特定とは異なりますが，ここでは住所も直接識別情報に準ずる情報と考えます．

住所であっても都道府県および市区町村が丁目と結合していなければ，それ単体では世帯を特定できません．ただし，外部情報と組み合わせることで個人を特定する可能性がありますから，間接識別情報と見なします．年齢（生年月日に読み替えます），性別は不変性があり，職業も短期的に変化する属性ではありません．これらもそれ単体では個人を特定しませんが，これらを組み合わせた情報と外部情報を照合することによって個人を特定する可能性がありますから，間接識別情報と見なします．

飲酒歴や既往歴は，組み合わせによっても個人を特定することができないと考えられますから，ここでは間接識別情報とはしません．

これらを考慮し，データ提供者（医療保険会社）は，直接識別情報（マイナンバー），氏名および住所の丁目を取り除いた**表4.1**をデータ利用者（物販会社）に提供したとしましょう．ここで表4.1のIDは表3.1のマイナンバーとは異なるIDで，表4.1の作成のためにランダムに新しく生成されたIDとします．このような操作を行う理由は，5.2節で詳しく議論します．

物販会社は医療保険会社から得たデータに含まれる個人を特定しようとする攻撃者として振る舞うものとします．物販会社は表3.2のユーザーマスタを外部情報として保持しており，これを手がかりに医療保険会社のデータに含まれる人物を突き止めようとします．具体的には，医療保険データと自身の外部情報（ユーザーマスタ）を1件ずつ照合し，表4.1を元の個人属性データ表3.1の状態に戻すことを試みるものとします．

表 4.1 提供用個人属性データの例: 生活習慣と既往歴のパーソナルデータ.

ID	年齢	性別	都道府県	市区町村	職業	飲酒量（g/日）	既往歴
8827	31	男	東京都	港区	市職員	40	大腸がん
2478	36	男	東京都	台東区	大学教員	20	大腸がん
0049	26	女	埼玉県	草加市	看護師	5	喘息
5853	28	女	埼玉県	川口市	医師	5	アメーバ赤痢
1204	94	男	東京都	渋谷区	無職	40	糖尿病
0482	101	女	沖縄県	那覇市	小説家	20	糖尿病
3059	53	男	青森県	青森市	市職員	20	肺がん
2940	33	男	埼玉県	春日部市	会社員	30	うつ病

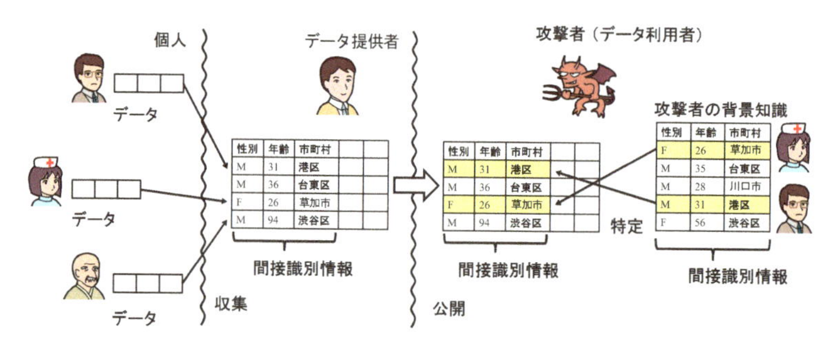

図 4.2 間接識別情報を背景知識として特定を試みる攻撃者.

図 4.2 は，攻撃者が外部情報から得た年齢と市区町村に関する情報（表 3.2）を提供データ（表 4.1）と照合し個人を特定しようとしている例です．この例では，提供用のパーソナルデータ表 4.1 における ID 0049 のレコードが紫式部，ID 8827 のレコードが真田昌幸として特定されます．

この特定によって，攻撃者である物販会社のデータと医療保険会社のデータの連結が起きます．具体的には，医療保険会社にデータを登録している個人が，物販会社のユーザーマスタとの照合によって特定された場合，物販会社のデータに，医療保険会社のデータが保持する既往歴などの要配慮情報が連結されます．たとえば，この連結によって物販会社は murachan=紫式部が喘息を罹患していることを新たに知ります．これによって物販会社は各ユーザーに既往歴に応じた広告メールを送付したりサービスを個別化したりすることができます．ただし，個人情報保護法で定めるところの匿名加工情報では，このような特定を禁止しています．

4.2.2 個人属性データにおける特定を経ない連結

連結は必ずしも特定を必要としません．ソーシャルネットワーキングサービス (SNS) 事業者が医療保険会社のデータの提供を受けた場合を例に考察します．SNS 事業者は**表 4.2** の SNS ユーザーのユーザーマスタを背景情報として，保持しています．また SNS 事業者は医療保険会社から表 4.1 の提供を受け，SNS のユーザーマスタ（表 4.2）と連結を試みるものとします．

このとき，年齢，性別，職業といった間接識別情報から，lastshogun は ID 2478 の人物（=徳川慶喜）に，sadapon87 は ID 1204 の人物（=松平定信）に，ginginlove は ID 5853 の人物（=荻野吟子）に連結します．この連結によって SNS 事業者は各ユーザーの，住所，罹患している疾患，飲酒量などを新たに知ることになります．ただし，SNS 事業者はもともとこれらのユーザーが具体的にどの個人に対応しているのか知りませんから，この例では特定は起こっていないことに注意が必要です．一方で，SNS 事業者はサービスを通じて各ユーザーに既往歴に応じた広告を配信したりサービスを個別化したりすることができます．

個人属性データにおける特定を経ない連結がプライバシーの侵害に当たるかどうかは議論の分かれるところです．インターネットにおける行動ターゲティング広告では，Web ブラウザからドメインごとに発行されるクッキーにウェブサイトの閲覧情報を記録し，広告の個別化にこのような情報を利用しています．サードパーティークッキーを通じた異なるドメイン間の閲覧情報の連結は，本章で議論した特定を経ない連結と類似した操作です．インターネットにおけるさまざまなオンラインサービスは，パーソナルデータの高度な統合とその広告事業による収益が基盤となっており，プライバシーの保護とパーソナルデータの活用をバランスさせる技術や制度は重要な課題です．

表 4.2 背景知識の例: SNS のユーザーマスタ．

サービス ID	年齢	性別	職業	出身大学
lastshogun	36	M	大学教員	東京大学
sadapon87	94	M	無職	筑波大学
ginginlove	28	F	医師	京都大学

4.3 履歴データ提供に伴う特定と連結

履歴データ提供に伴う特定を議論するために，本章では3章とは逆に，物販会社が購買履歴（表3.3）を医療保険会社に提供する例を考えます．物販会社のユーザーマスタの提供はないものとします．物販会社はデータ提供に先立って，サービスIDを別のIDに振り直してテーブルを作り直し，**表4.3**のデータを提供することにします（IDを振り直す理由は5.5.2節で再度議論します）．

今回医療保険会社が取得した物販会社の購買履歴には直接識別情報，間接識別情報は含まれませんし，医療保険会社が保持する情報と，物販会社の提供情報の間には共通する属性はありませんから，機械的な照合による特定は発生しません．しかし，医療保険会社が別途，保険利用者から追加して外部情報を取得し，かつ高度なデータ解析を行う能力をもつ場合，特定の可能性があります．

たとえば医療保険会社が被保険者に，健康管理を促進するためのスマートフォン用の運動管理アプリを提供したとしましょう．この場合，医療保険会社は被保険者の位置と時刻を継続的に把握できるようになります．物販会社の提供データにはユーザーの位置情報は含まれませんが，物品を購買したときに限り，購買店舗と購買日時が記録されます．購買店舗の位置は公開情報ですから，これを位置と時刻に変換することで，表4.3と表3.1を照合する

表4.3 提供用履歴データの例：物販会社の購買履歴．

ID	購買物品	購買日時	購買店舗
000001	人参	2021/2/3 18:09	Cマート代田2丁目店
000002	バナナ	2021/2/4 21:13	Cマート伊奈谷店
000003	聖書	2021/2/4 21:15	Cマート小石川店
000001	妊娠判定薬	2021/2/4 21:16	Cマート渋谷店薬局
000005	焼肉弁当	2021/2/4 21:18	Cマート松代店
000001	チョコドーナツ	2021/2/4 21:16	Cマート A 大学店
000002	タバコ	2021/2/5 21:34	Cマート伊奈谷店
000001	おいしい水2L	2021/2/4 21:16	Cマート代田2丁目店

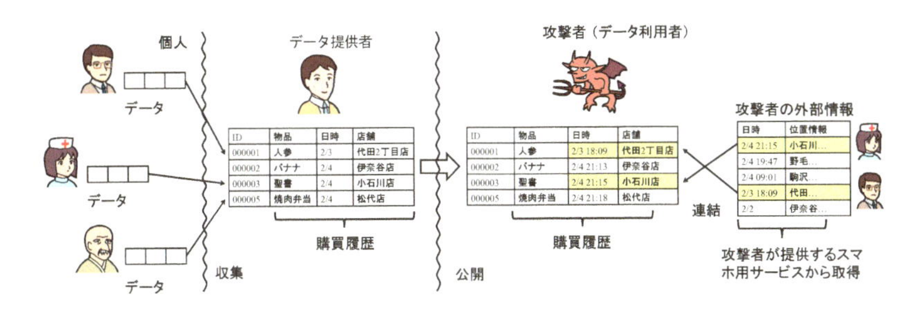

図 4.3 履歴情報を外部情報の連結を試みる攻撃者.

ためのキーとして利用することができます（図 **4.3**).

4.4 データ提供に伴う特定のリスク評価: k 匿名性

これまでに説明したように，パーソナルデータの提供においては，個人属性データであっても履歴データであっても，単に直接識別情報を削除しただけでは，必ずしも特定や連結が防げるとは限りません．特定や連結を防ぐためには，これらが発生するリスクを定量評価し，そのリスクが許容範囲まで低下するようにデータそのものを加工する必要があります．本章では，提供用のパーソナルデータとして準備されたデータを提供したときに，特定が発生するリスクの定量評価について説明します．具体的なデータの加工方法については，5 章で説明します．n 人の個人から d 個の**属性**についてデータを収集すること想定します．個人 i から収集したデータを $x_i = (x_{i1}, x_{i2}, \ldots, x_{id})$ とします．全員分のデータの集合を $D = \{x_1, x_2, \ldots, x_n\}$ とします．

j 番目の属性の定義域を X_j とすれば，レコードの定義域は直積 $X_1 \times X_2 \times \ldots X_d$ となります．ここでは，データから直接識別情報は取り除かれているものとします．このとき，この d 個の属性のうち，$X_1, X_2, \ldots, X_{d_{QI}}$ で定義される d_{QI} 個の属性を間接識別情報とします．QI は間接識別情報 (quasi identifier) を表す添え字です．k 匿名性が仮定する攻撃者モデルでは，この d_{QI} 個の属性の情報について，攻撃者は提供用のパーソナルデータ以外の外部情報源から個人についてのデータを取得できるものとします（この攻撃者モデルについては，6.7 節で再び議論します）．残りの $d_{\mathrm{misc}} = d - d_{QI}$ 個の属性については，要配慮情報やその他の情報であるものとします[*2]．また，1

つのレコードを $x_i = (x_i^{QI}, x_i^{\mathrm{misc}})$ と書くことにします．ここで，x_i^{QI} は間接識別情報の組み合わせ，x_i^{misc} はその他の情報の組み合わせです．このとき，k 匿名性は以下のように定義されます．

定義 4.1（k 匿名性 [32]）

D を n 人の個人から集めたレコードの集合とします．D に含まれる間接識別情報の値の組み合わせの集合を A とします．すべての $x^{QI} \in A$ について，x^{QI} を含むレコードが D に少なくとも k 個存在するならば，D は k **匿名性**をもちます．

医療保険会社が提供用に構成した表 4.1 を例に k 匿名性を説明します．表 4.1 において，年齢，性別，都道府県，市区町村，職業を間接識別情報，飲酒量，既往歴を要配慮情報とします．

表 4.1 には 8 人の個人の情報が含まれますが，含まれる間接識別情報の組み合わせはすべて異なります．たとえば "男性 31 歳で港区在住の市職員" なる人物は 1 人しか表には存在しません．したがって，攻撃者がこれらの間接識別情報を外部情報としてもつ場合，この人物に対応するレコードは 1 件に絞りこまれ，特定されます．

表 4.4 は表 4.1 の内容の一部にマスクをかけたものです（マスクについては 5.3.3 節も参照してください）．表 4.4 にも 8 人の個人が含まれますが，含まれる間接識別情報の組み合わせは，"東京都在住の年齢 30-39 の男性"，"埼玉県在住の年齢 20-29 の女性"，"90 歳以上"，"年齢 30-59 の男性" の 4 通りに限定されています．また，表 4.4 の間接識別情報の各組み合わせについて，同じ条件で少なくとも 2 名の人物が該当します．したがって，攻撃者がこれらの間接識別情報を背景知識としてもっていたとしても，この人物に対応するレコードを 1 件に絞りこむことはできません．このような表 4.4 は 2 匿名性をもつといえます．

再び医療保険会社から物販会社へのデータ提供の事例に戻れば，表 4.1 の代わりに表 4.4 を提供した場合，ID 0049，ID 5853 のどちらのレコードが紫

---

*2 間接識別情報と要配慮情報は必ずしも排反ではないですが，ここでは，簡単のために間接識別情報に要配慮情報が含まれていないものとします．外形的に直ちに推測される間接識別情報と要配慮情報の両方の性格を兼ね備える属性情報の例として，たとえば肌色，髪色，母語，妊娠状態などがあります．

表 4.4　特定性を低減した提供用個人属性データの例（2 匿名性）：生活習慣と既往歴のパーソナルデータ．N/A は k 匿名性実現のためにマスクされた情報を表す．

	間接識別情報					要配慮情報	
ID	年齢	性別	都道府県	市区町村	職業	飲酒量（g/日）	既往歴
8827	[30-39]	男	東京都	N/A	N/A	40	大腸がん
2478	[30-39]	男	東京都	N/A	N/A	20	大腸がん
0049	[20-29]	女	埼玉県	N/A	N/A	5	喘息
5853	[20-29]	女	埼玉県	N/A	N/A	5	アメーバ赤痢
1204	[90-]	N/A	N/A	N/A	N/A	40	糖尿病
0482	[90-]	N/A	N/A	N/A	N/A	20	糖尿病
3059	[30-59]	男	N/A	N/A	N/A	20	肺がん
2940	[30-59]	男	N/A	N/A	N/A	30	うつ病

式部であるか絞り込むことができません．連結についても同様のことが当てはまります．物販会社から SNS 事業者へのデータ提供の事例に戻れば，同様の提供において lastshogun は ID 8827，ID 2478 のどちらかのレコードと連結するか絞り込むことができません．このように k 匿名性は，間接識別情報を外部情報としてもつ攻撃者による特定と連結のリスクの上限を評価することができます．こうして，データベースが満足する匿名性の $k(\geq 1)$ の値はリスクを評価する量として利用することができます．

攻撃者が間接識別情報に関する外部情報を用いて特定を試みるときに，提供用のパーソナルデータが k 匿名性をもつならば，特定の候補となる人物が少なくとも k 人存在し，k 人未満には絞り込めないことが保証されます．

4.5　データ提供に伴う特定のリスク評価: 標本一意性と母集団一意性

解析対象とする個人全員についてのレコードの集合を**母集団**と呼びます．本章では，時間の経過につれて変化するようなデータを対象としません．統計的性質を明らかにしたい対象について，ある一時点において観測可能なデータの集合を対象とします．具体的には，表 3.3 の購買履歴データのようなデータは扱いません．ある一時点における表 3.2 のユーザーマスタなどは対象として含まれます．

また母集団から一部のデータを一様ランダムに選び出し，これを調査対象とする場合に，そのレコード集合を**標本**と呼びます． 母集団を対象とした調査を**悉皆調査**（あるいは全数調査）と呼びます．標本を対象とし，母集団の統計的性質を調査する方法を**標本調査**と呼びます．個人属性データの提供においては，母集団を提供データとする場合と，標本を提供データとする場合があります．

提供データが標本なのか母集団なのか，また標本であるならばその抽出率はいくらかなどは，特定の起こりやすさに大きな影響を与えます．この点を考慮し，**標本一意性**と**母集団一意性**と呼ばれる特定リスクの指標を与えます．母集団一意性あるいは標本一意性は，官庁統計における個人属性データの公開（個票開示問題）における特定リスクの評価のために，伝統的に議論されてきた問題です [37]．

提供データが母集団から無作為に抽出された個人に関するレコードで構成されるとします（つまり標本です）．あるレコードが標本一意であるとは，そのレコードの間接識別情報の組み合わせが，標本である提供データに全体

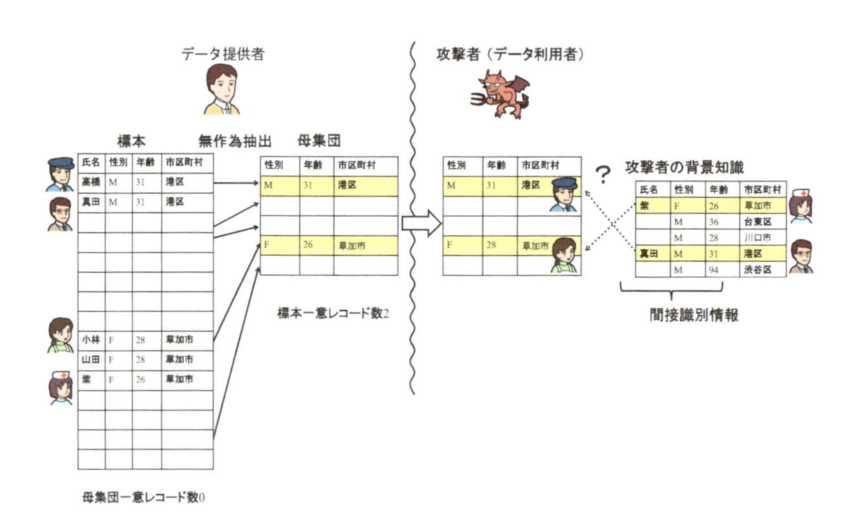

図 4.4 提供データが標本一意なレコードを含むが母集団一意なレコードを含まない例．標本一意は必ずしも母集団一意を意味しません．母集団一意なレコードをもたないデータから生成した標本の特定は，必ずしも成功しません．

わたって唯一である状態を指します．また，あるレコードが母集団一意であるとは，そのレコードの間接識別情報の組み合わせが，提供データがどのような標本であるかにかかわらず，母集団全体にわたって唯一である状態を指します．提供データが標本であるとき，母集団一意であるレコードは必ず標本一意ですが，標本一意であるからといって必ずしも母集団一意であるとは限りません．

提供データが母集団に含まれる全個人のレコードで構成されるとします．この場合には，母集団一意と標本一意は同一視できます．

k 匿名性に基づく特定リスク評価では，提供データが母集団であるか否かにかかわらず，標本一意であれば，特定のリスクがあると考えました．しかし提供データが標本集合であるならば，あるレコードが標本一意であっても，それが必ずしも母集団一意であるとは限りませんから，実際には特定のリスクは高くない可能性もあります．そこで，提供データ中の母集団一意であるレコード数を，その提供データの特定のリスクを評価する量として利用することができます．母集団一意性におけるリスク評価に基づけば，提供データにおける標本一意なレコードが常に特定のリスクの高いレコードと評価されるとは限りません．そういった意味で，母集団一意性によるリスク評価は k 匿名性よりも緩和的です．図 **4.4** は，母集団一意なレコードが存在しないときに，提供された標本に標本一意なレコードが含まれる例を示しています．母集団一意なレコードが存在しないならば，標本一意なレコードに外部情報を用いて特定を行っても，必ずしも正しく特定できるとは限りません．

4.5.1 母集団一意であるレコード数の推定

データ提供者が母集団を保持しており，そこから無作為抽出によって標本を抽出し提供する場合には，提供データに含まれる母集団一意なレコード数をそのまま特定リスクの評価値として用いることができます．しかし，データ提供者がそもそも標本しか収集していない場合には，母集団一意なレコードの数を知ることはできません．母集団に関する完全な情報がなく，標本しか得られない場合には，母集団一意性は統計的に推定し，これを特定リスクの評価値として利用できます．

間接識別情報の組み合わせ数を K 個とします．たとえば，表 4.1 の提供用のパーソナルデータについて，年齢，性別，都道府県+市区町村および職業を間接識別情報とするならば，$K = 120 \times 2 \times 1742 \times 100 = 41,808,000$ となります．ここで，120 は日本の最高齢者の年齢，2 は性別の数（男性，女性），1742 は市区町村数，100 は職業数の概数としました．それぞれの間接識別情報の組み合わせを**セル**と呼び，それに当てはまる個人の数を**度数**と呼びます．

第 i セルの度数を F_i と表記します．当然ながら，$F_i = 0$ となるセルも多数存在します．また，度数が j となるようなセルの数を S_j と表記します．特定リスクの評価において重要なのは度数が 1 となるセル数 S_1 です．このようなセルを**ユニークセル**と呼びます．ユニークセルの数が多い母集団は，間接識別情報を通じて一意に特定される個人を多く含んでいるといえます．

サイズが N の母集団を考えます．第 i セルが度数 F_i をもつ確率 $\Pr(F_i)$ はポアソン分布

$$\Pr(F_i) = \frac{e^{-N_0 \pi_i}(N_0 \pi_i)^{F_i}}{F_i!} \tag{4.1}$$

に従うものとします．ここで，π_i は第 i セルへのデータの入りやすさを表すパラメータであり，$\pi_i \geq 0$, $\sum_{i=1}^{K} \pi_i = 1$ を満たします．また N_0 は個体数の期待値です．このとき，ユニークセル数の期待値は

$$\mathrm{E}\left(S_1\right) = \sum_{i=1}^{K} \Pr(F_i = 1) = N_0 \sum_{i=1}^{K} \pi_i e^{-N_0 \pi_i} \tag{4.2}$$

となります．

十分多数のレコードがあれば，ポアソン分布のパラメータをデータから推定することができますが，一般的な提供用のパーソナルデータにおいては，先ほど概算したとおり，K は極めて大きい数になり推定できません．表 4.1 の例では K は四千万に達していましたが，日本の人口が一億二千万程度であることを考えれば，パラメータの統計的推定は困難です．

そこで，ポアソン分布のパラメータがガンマ分布に従うポアソンガンマモデルが提案されています [2]．このモデルでは，ポアソン分布のパラメータ π_i は，

$$\pi_i = \mathrm{gamma}(\alpha, \beta) \tag{4.3}$$

に従うものとします．ただし α, β は $\alpha\beta = 1/K$ となるガンマ分布のパラメータです．π_i がガンマ分布に従うとき，その平均は $\mathrm{E}\left(\pi_i\right) = \frac{1}{K}$，分散は

$\mathrm{V}(\pi_i) = \frac{\beta}{K}$ となりますから，ある π_i が極端に大きい値をとるなど特殊なケースを除いて，現実のデータにかなり近いモデルが表現できるといえるでしょう．

π_i が式 (4.3) のガンマ分布に従うとき，ポアソンガンマモデルにおける期待ユニークセル数は

$$\mathrm{E}(S_1) = \frac{N_0}{(1 + N_0\beta)^{1+\frac{1}{K\beta}}} \tag{4.4}$$

となります[*3]．

4.5.2 母集団一意かつ標本一意であるレコード数の推定

標本からなる提供データにおいて，母集団一意なレコード数を特定のリスク評価として用いる場合，提供データから標本一意かつ母集団一意なレコード数を推定し，特定リスクを評価します．提供データにおいて，あるレコードが標本一意であるが母集団一意ではないならば，特定のリスクはないものと見なします．ここでは，ポアソンガンマモデルにおける，標本一意かつ母集団一意なレコード数の推定方法を紹介します．

提供データの各レコードは，母集団から抽出率 λ でベルヌーイ抽出[*4] されたとします．またこれらの標本から構成された提供データにおける i 番目のセルの度数を f_i，セルの度数が j となるセル数を s_j とします．このとき，提供データのユニークセルの期待値は

$$\mathrm{E}(s_1) = \frac{\lambda N_0}{(1 + \lambda N_0\beta)^{1+\frac{1}{K\beta}}} \tag{4.5}$$

となります．

式 (4.4) および式 (4.5) を用いると，母集団一意かつ標本一意であるレコード数の推定値は

$$r_{\text{unique}} = s_1 \cdot \frac{\mathrm{E}(S_1)}{\mathrm{E}(s_1)}\lambda = s_1 \cdot \left(\frac{1 + \lambda N_0\beta}{1 + N_0\beta}\right)^{1+\frac{1}{K\beta}} \tag{4.6}$$

となります．

---

*3 導出の詳細は文献 [37] を参照してください．

*4 ベルヌーイ抽出とは二項分布に従うサンプリングを指します．

ポアソンガンマモデルのパラメータ β は直接求めることができませんから，標本から推定します．

$$\hat{\beta} = \frac{1}{\lambda N_0}\left(\frac{K}{\lambda N_0}s_f^2 - 1\right) \tag{4.7}$$

ここで，s_f^2 は f_i の不偏分散です．β の推定の詳細については文献 [2] を参照してください．r_{unique} は提供用のパーソナルデータにおける特定のリスクを表す量として利用することができます．

4.6 個人属性データ提供に伴う属性推定

提供用のパーソナルデータ中のレコードが特定された場合，その個人に関する（攻撃者にとって未知の）属性値が確定的に攻撃者に知られることとなるため，属性推定も同時に起こったといえます．特定のリスクを低減することによって属性推定のリスクも同時に低減することが可能ですが，特定が起こっていないにもかかわらず，個人の属性値が確定的に攻撃者に知られるリスクがあります．

年齢=[30-39]，性別=[男性] なる人物，真田昌幸に関する外部情報をもっている攻撃者が表 4.4 のデータの提供を受けたとします．このとき，表 4.4 の第 1，2 行目の間接識別情報の組み合わせはいずれも年齢=[30-39]，性別=[男性] ですから，候補は ID 8827，ID 2478 の 2 件となり特定に至りません．しかし，この 2 件とも既往歴が大腸がんであることから，攻撃者は特定なしで真田昌幸が大腸がんであることを知ることになります（図 **4.5**）．

このような特定を伴わない確定的な属性推定は，同一の間接識別情報を共有するレコード同士（k 匿名性をもつ場合はそのようなレコードは少なくとも k 個存在することが保証されています）において，要配慮情報がすべて同じ値をとっていたために起こっています．逆にいえば，このようなレコード同士において，要配慮情報が多様な値をとっていれば，このような属性推定のリスクは低減できます*5．

k 匿名性をもつデータの，間接識別情報の属性値の組み合わせが同じであ

*5 ただし，個人情報保護法においては，データ提供において特定リスクの低減を求めていますが，属性推定リスクの低減は求めていません．

るレコードについて，その要配慮情報の属性値のバリエーションが少なくとも $\ell(1 < \ell \leq k)$ 存在しているならば，これを ℓ **多様性**と呼び，以下のように定義されます．

定義 4.2 (ℓ 多様性 [23])

D を n 人の個人から集めた k 匿名性をもつレコードの集合とします．D に含まれる間接識別情報の値の組み合わせの集合を A とします．すべての $x^{QI} \in A$ について，x^{QI} を含むレコードの要配慮情報のバリエーションが，少なくとも ℓ 個以上ならば，D は ℓ **多様性**をもちます．

k 匿名性を満足するデータベースにおける属性推定のリスクを評価する量として，ℓ 多様性の ℓ の値を利用することができます．たとえば，表 4.4 において ID 8827，ID 2478 のレコードの組は既往歴がどちらも大腸がん，ID 1204，ID 0482 のレコードの組は既往歴がどちらも糖尿病で多様性がありません．一方 ID 0049，ID 5853 のレコードの組は既往歴が喘息とアメーバ赤痢で多様性がありますから，ID 0049，ID 5853 については 2 多様性が保証されています．表 4.4 全体で 2 多様性を維持するには，たとえば ID 8827，ID 2478 のどちらかの既往歴をマスクするか，偽の情報をあえて混入し，多様化するなどの方法が考えられます．

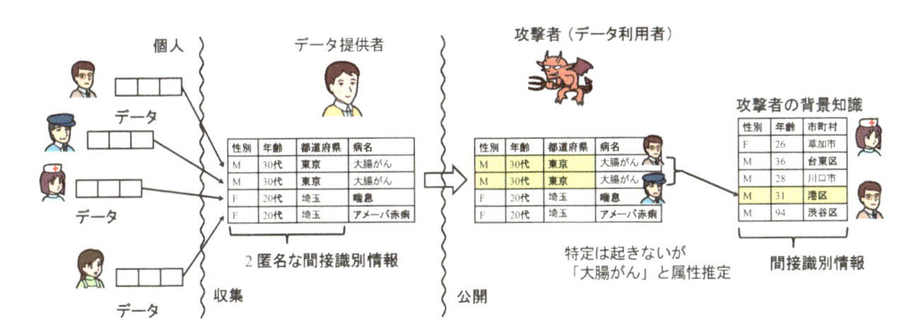

図 4.5 k 匿名性をもつデータ提供において，特定は起こらないが属性推定が起こるデータ提供の例．

ℓ 多様性のバリエーション

定義 4.2 では要配慮情報のバリエーションが，少なくとも ℓ 個以上ならば，要配慮情報は多様であるとしていました．ℓ 多様性を提案した論文[23] では，これに加えて，より一般的な多様性の定義を導入しています．**エントロピー ℓ 多様性**の定義では，同一の間接識別情報をもつレコード集合において，その要配慮情報のエントロピーが $\log(\ell)$ 以上である場合に ℓ 多様性をもつとしています．**再帰的 (c,ℓ) 多様性**の定義では，すべての同一の間接識別情報をもつレコード集合において，頻出する要配慮情報と，マイナーな要配慮情報の出現頻度の差が c, ℓ で定められる以下の式で制御されているならば，再帰的 (c,ℓ) 多様性をもつとしています．

$$r_1 < c(r_\ell + r_{\ell+1} + \ldots + r_m).$$

ここで，r_ℓ は，同一の間接識別情報をもつレコード集合において，ℓ 番目に出現頻度の高い要配慮情報の出現回数を表しています．

Chapter 5

パーソナルデータの匿名化

4章では，k 匿名性や母集団一意性など，パーソナルデータ提供に伴う特定リスクの評価量を導入しました．パーソナルデータを第三者に提供するには，これらのリスク評価量がある一定程度以下になるようにデータを加工する必要があります． 本章では，パーソナルデータの提供における特定および連結のリスクを低減するための仮名化手法や匿名化手法について説明します．

5.1 パーソナルデータの匿名化のプロセス

パーソナルデータを含むデータを提供するに当たって，提供されたデータから個人が特定されるリスクを低減させるために加工を行う必要があります．本章では具体的には，以下の3つの加工方法について議論します．

1. 直接識別情報を特定性をもたない仮名IDに置き換える**仮名化**
2. 間接識別情報を加工し特定性を低減させる**匿名化**
3. 提供データに含まれる要配慮情報や特異値の削除

パーソナルデータのうち，特定にかかわる情報は，直接識別情報，間接識別情報，間接識別情報の性質をもつ履歴情報に分類されます．提供用データの作成のためには，それぞれの情報の特性に合わせて仮名化や匿名化のための加工をする必要があります．

要配慮情報は犯罪歴や病歴など，これらに基づいて何らかの意思決定が行われた場合，差別につながりかねない情報を指します．特定の有無にかかわらず，要配慮情報の取り扱いには注意が必要です．要配慮情報を収集していなくても，行動履歴やサービスログなどにおいて要配慮情報を容易に推測させる情報が意図せず収集され，提供用データに混入するケースがあります．データ収集の段階から，こういった要配慮情報を不必要に収集しないような配慮が必要ですが，データ提供時にも改めてチェックする必要があります．

5.2　仮名化における直接識別情報の扱い

パーソナルデータの提供において，データ単体からの一意な特定を防ぐためには直接識別情報を削除することが必要です．実際には，データ提供の便宜上，各レコードにおいて，それ自体では直接識別情報としては働かない新たに生成された一意な情報（たとえばランダムな順列で構成されたID）と直接識別情報を置き換えます．このような操作を**仮名化**と呼び，そのときに生成されるIDを**仮名ID**と呼ぶことにします．

仮名IDの生成と置き換えが適切に行われなかった場合，本来は特定性をもたないはずの仮名IDが攻撃者によって直接識別情報に復元されたり，特定リスクが適切に低減されなかったりします．ここでは，仮名化，特に直接識別情報の扱いについて説明します．

仮名化には，必要な場合に仮名IDから個人を識別できるように，仮名IDから直接識別情報に変換する手段を確保しておく方法と，仮名IDから個人が二度と識別できないように，仮名IDから直接識別情報に変換する手段を維持しない方法があります．前者を**連結可能匿名化**，後者を**連結不可能匿名化**と呼ぶことがあります（**図 5.1**）．本書では，直接識別情報に対する操作を仮名化，間接識別情報の加工を匿名化と使い分けています．日本の制度では，紛らわしいですが，連結可能匿名化/連結不可能匿名化といった場合は，本書でいうところの仮名化のことを指しています．仮名化は直接識別情報による個人特定を防ぎます．

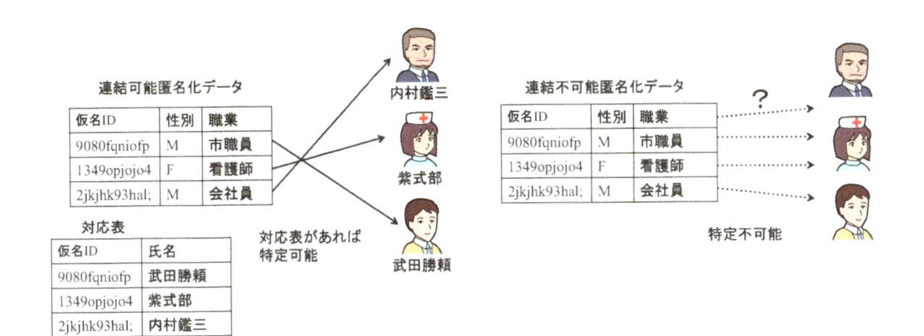

図 5.1　連結可能匿名化と連結不可能匿名化.

5.2.1　仮名 ID の構成

仮名化では，直接識別情報に変えて各個人に一意な仮名 ID を付与することが行われます．本章では仮名 ID の生成方法を説明します．

仮名 ID はパーソナルデータに付与されていた直接識別情報のかわりに個人を識別するために利用される情報ですから，1 つの提供用データにおいて，同じ仮名 ID に異なる 2 人以上の個人が対応することがあってはいけません．データ提供者にとっては仮名 ID は直接識別情報から簡単に取得できることが好ましいですが，提供用データを受け取ったデータ利用者が仮名 ID から直接識別情報を簡単に求める方法が存在するべきではありません．もしこれが可能であれば，仮名 ID から個人が特定されてしまいます．

5.2.2　対応表による仮名化

正しく仮名 ID を構成する最も単純な方法は，それぞれの直接識別情報に対応する仮名 ID を，重複がないようにランダムに生成し，対応表を作成する方法です．対応表による仮名化においては，ある仮名 ID から元の直接識別情報が推測できる確率は $1/n$ です．これはランダム推測と変わりませんから，最も安全な仮名 ID の生成方法です．また対応表をもつ者にとっては，仮名 ID から元の直接識別情報への変換を，表のルックアップのみで行うことができます．

ただし，n 人の人物を含むデータの仮名化を対応表を用いて行うには，直接識別情報が L bit の情報で構成されている場合，サイズ $O(Ln)$ の直接識別情報と仮名 ID の対応表を永続的に保持しておく必要があります．

5.2.3 鍵付きハッシュ関数による仮名化

一方向性ハッシュ関数とは，直感的には，任意の入力 x について $H(x)$ を求めることは簡単にできますが，$H(y) = H(x)$ となるような x, y を見つけることは困難であるような関数です．$H(x)$ を x のハッシュ値と呼びます．実用的な一方向性ハッシュ関数として，SHA-1 や MD5 などが広く用いられています．

ブルートフォース攻撃　単純に考えれば，直接識別情報のハッシュ値を仮名 ID にすればよいように思えます．ハッシュ関数の一方向性のために，ハッシュ値から直接識別情報を得ることは困難ですから，この方法は安全なように思えます．しかし，この方法は必ずしも安全とはいえません．ここでいう「困難」とは，「**ブルートフォース攻撃**よりも小さい労力で求めることが困難」ということを意味しているにすぎないからです．ブルートフォース攻撃とは，網羅的にすべての入力を試行し，与えられたハッシュ値に対応する入力を発見する攻撃のことです．そもそもブルートフォース攻撃の労力がさほど大きくない場合，つまり直接識別情報の定義域のサイズが小さい場合には，すべての直接識別情報に対して網羅的に仮名 ID を求め，仮名 ID から直接識別情報が逆引きできるように対応表を構成することが簡単にできてしまいます．

2 章に示した，NY 市 Taxi Ride の事例は，不適切な仮名 ID の付与により，ブルートフォース攻撃によって，意図しない特定が発生した事例です．この事例では，タクシーのナンバープレートに掲示される番号（メダリオン）が直接識別情報として働いていました．メダリオンは，以下の特定の形式をもっています．

- 数字 1，英文字 1，数字 2．（例: 3A33）
- 英文字 2，数字 3．（例: AA333）
- 英文字 3，数字 3 （例: AAA333）

このようなパターンの組み合わせは約 2000 万件あります．パターン数は非常に多いように見えますが，この程度のサイズならば，全入力パターンに対して網羅的にハッシュ値を生成することで，ハッシュ値から入力を逆引きするための対応表を構築することはパーソナルコンピュータでも十分可能です．

鍵付きハッシュ関数による仮名IDの生成　ブルートフォース攻撃に対処するためには，**鍵付きハッシュ関数**を用いる必要があります．

直接識別情報 m は最大 L bit の情報で表すことができるものとします．また，入力長 $Q(> L)$ bit の一方向性ハッシュ関数を $H : \{0,\ 1\}^Q \to \{0,\ 1\}^Q$ とします．この一方向性ハッシュ関数を用いて仮名IDを構成する方法を**アルゴリズム 5.1** に示します．

アルゴリズム 5.1　鍵付きハッシュ関数による仮名ID生成法

準備. $Q - L$ bit のランダムな bit 列を鍵 k として生成
入力. 直接識別情報 m
出力. 仮名ID h
　1. $h = H(m \| \mathsf{k})$ とし，h を仮名IDとして出力

ここで，$m \| \mathsf{k}$ はビット列の連結を表します．入力長 Q が十分大きい場合には，網羅的に直接識別情報と仮名IDの対応表を構成するには非常に長い時間がかかりますから，生成された仮名IDから直接識別情報と秘密鍵を復元することは困難です．たとえば 20 bit の直接識別情報に対して入力長 160 bit の SHA-1 に基づく鍵付きハッシュ関数を用いて仮名IDを作るには，秘密鍵の長さを 140 bit にすればよいということになります．今のところ，入力長 160 bit の SHA-1 についてブルートフォース攻撃を行うことは現実的な計算時間ではできないと考えられています．

5.3　匿名化における間接識別情報の扱い

4章では特定リスクの評価指標として，k 匿名性を導入しました．リスク

評価指標に基づいて，特定リスクを低減するために間接識別情報を加工する操作を**匿名化**と呼びます．特に，表形式のデータが k **匿名性**を満足するように加工することを k **匿名化**と呼びます．k 匿名化のために利用できる代表的な加工手法を説明します．

5.3.1 再符号化

再符号化はカテゴリカル属性あるいは順序属性のための加工方法です．**大域的再符号化**では全レコードのある属性について，複数のカテゴリ値を 1 つのより抽象度の高いカテゴリ値に統合します．**表 5.1**(左)の例は，表 3.1 の間接識別情報について，年齢属性を 1 歳刻みの値（e.g. 31 歳）から 10 歳刻みのカテゴリ（e.g. [30-39] 歳]）に，住所属性および職業属性をすべて統合し "*" とするなどの加工を行っています．*はすべての属性値を含むワイルドカードです．このような操作を**一般化**とも呼びます．属性値の一般化の構造は**一般化階層構造**と呼ばれ，匿名化を行う者が属性値の性質を考慮しあらかじめ定義しておきます（図 5.3 を参照）．一般化階層構造は 5.4 節にて詳しく説明します．表 5.1(左)は大域的符号化による 2 匿名化の達成例です．

局所的再符号化では，k 匿名性を達成したい任意のレコード群を選んで再符号化を施します．表 5.1(右)では男性については職業と年齢をすべて "*" に一般化し，女性は職業を "医療従事者" に一般化しています．表 5.1(右)は局所的符号化による 2 匿名化の達成例です．

一般に，局所的再符号化の方がデータの変更量は少なくて済みますが，大域的再符号化の方が計算の手間は少なく済みます．また局所的再符号化では，レコードによって属性値のカテゴリが異なることとなり，データ解析時

表 5.1 大域的/局所的再符号化の例．

大域的再符号化				局所的再符号化			
年齢	性別	住所	職業	年齢	性別	住所	職業
30-39	男	*	*	*	男	東京都	*
30-39	男	*	*	*	男	東京都	*
20-29	女	*	*	29	女	埼玉県	医療従事者
20-29	女	*	*	29	女	埼玉県	医療従事者
30-39	男	*	*	*	男	東京都	*
…	…	…	…				

表 5.2 トップコーディングの例.

年齢	性別	住所	職業
31	男	東京都	なし
36	男	東京都	なし
26	女	神奈川県	看護婦
28	女	神奈川県	医師
90-	男	東京都	都職員
90-	女	東京都	小説家
…	…	…	…

に不便が生じることがあります.

5.3.2 トップコーディングとボトムコーディング

トップコーディングと**ボトムコーディング**は順序属性あるいは数値属性に適用する大域的再符号化の一種です.トップコーディングでは,レコードをソートし,ある閾値よりも大きい,あるいは順位の高い値を表す複数のカテゴリをまとめ1つのカテゴリとします.ボトムコーディングでは,ある閾値よりも小さい,あるいは順位の低い値を表す複数のカテゴリをまとめ1つのカテゴリとします.その閾値より大きい(小さい)値は,トップコーディング(ボトムコーディング)によって同一カテゴリに再符号化されます.たとえば年齢属性においては,10歳以下の属性値を[0-10]に,80歳以上の属性値を[80-]に一般化することをそれぞれボトムコーディング,トップコーディングと呼びます(**表 5.2**).頻度分布の裾に当たるような,頻度の小さい属性値を1つのカテゴリにまとめることで,匿名性を維持しやすくします.

5.3.3 抑制

抑制は,値を削除することによって特定リスクを低減する手法です.抑制は**マスク**,**墨塗り**などとも呼ばれる加工方法で,カテゴリカル変数,順序変数,数値変数などの変数に対しても利用できます.

レコード抑制とは,k 匿名性を満たさないレコードを削除する方法です.**属性抑制**とは,k 匿名性を違反する原因となっている属性を削除する方法です.これらの手法は簡便ですが,場合によっては多くのレコードや属性を削

表 5.3　抑制の例．職業と住所に対する属性抑制によって，3 匿名性を達成している．

年齢	性別	住所	職業	喫煙歴（年）	飲酒量（g/日）	既往歴
*	男	*	*	10 年	40	大腸がん
*	男	*	*	なし	20	大腸がん
*	女	*	*	なし	5	喘息
*	女	*	*	なし	5	肋膜炎
*	男	*	*	10 年	40	心筋梗塞
*	女	*	*	なし	20	胃がん

除することになり，元データを大きく劣化させる場合があります．表 **5.3** は年齢属性，職業属性と住所属性を "*" に置き換え，抑制だけで 3 匿名性を達成した例です．この例では，間接識別情報について性別以外すべての情報が失われ，有用性の低いデータが生成されています．

局所的抑制とは，k 匿名性を満たさない組み合わせに含まれる値を "*" に置き換える操作です．局所的抑制は大域的再符号化と異なり，ある特定のレコードにおける職業属性を抑制したとしても，その他のレコードにおける職業属性の値を同様に抑制しません．局所的抑制の方が失われる情報が少なく済みますが，レコードによって維持される情報が異なることから，データ解析の観点からは使いにくい情報になりやすいという難点があります．

5.3.4　マイクロアグリゲーション

マイクロアグリゲーションの対象は数値属性です．ある数値属性に着目してレコードを複数のグループに分け，各グループにおけるその数値属性の値をそのグループの代表値[*1] に置き換えます．また，それぞれのグループが含むレコードセットが k 人以上の個人に相当するように調節し，その上でデータ集合を開示します（図 **5.2**）．各グループ内の均一度がなるべく高くなるようにグループ分けすることで，マイクロアグリゲーションによって失われる情報を小さくすることができます．マイクロアグリゲーションは機械学習におけるクラスタリングと同様に定式化されますので，さまざまなクラスタリング手法をマイクロアグリゲーションに適用することができます．

---

*1　たとえば平均値や中央値などが利用されます．

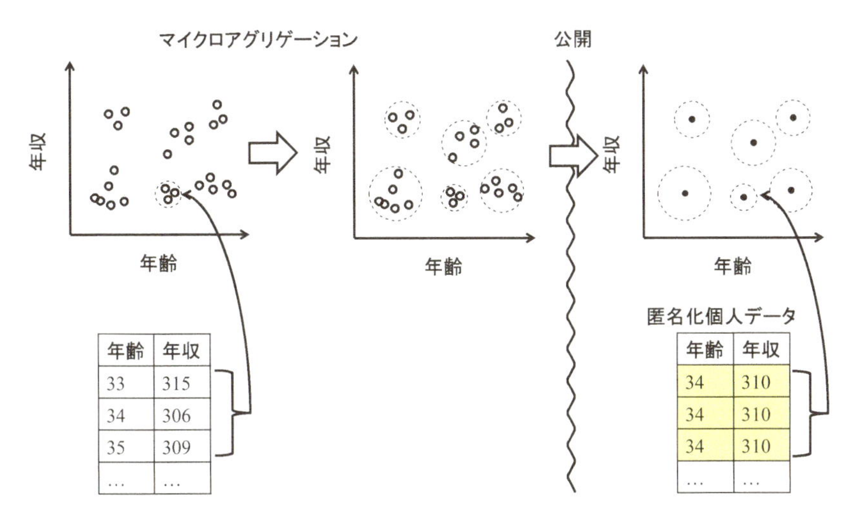

図 5.2 マイクロアグリゲーション.

5.3.5 加工方法の適用例

複数の加工方法を組み合わせて，表 3.1 の 6 行目までが 2 匿名性をもつように加工した例を**表 5.4** に示します．ここでは，マイナンバーと氏名が直接識別情報，年齢，性別，住所，職業が間接識別情報であるものとします．まず，年齢属性を大域的再符号化します．ここでは，1 刻みの年齢を 10 歳刻みのカテゴリ値に再符号化しました．さらに，90 以上の年齢をトップコーディングしました．つづいて住所属性を大域的再符号化します．ここでは，都道府県以下の情報を削除しました．さらに，職業属性を大域的再符号化します．市職員と大学教員を公務員に，看護師と医師を医療従事者にしました．5，6

表 5.4 生活習慣と既往歴のパーソナルデータ.

年齢	性別	住所	職業	飲酒量（g/日）	既往歴
30-39	男	東京都	公務員	40	大腸がん
30-39	男	東京都	公務員	20	大腸がん
20-29	女	神奈川県	医療従事者	5	喘息
20-29	女	神奈川県	医療従事者	5	アメーバ赤痢
90-	*	*	*	40	糖尿病
90-	*	*	*	20	糖尿病

番目のレコードについては，職業属性を局所的抑制しました．これらの操作によって，1-2 番目，3-4 番目，5-6 番目のレコードがそれぞれ同じ間接識別情報をもつことから，2 匿名性をもつデータに匿名化されたことが確認できます．このように複数の加工手法を組み合わせることで，匿名化によって失われる情報を少なくすることができます．

5.4 一般化階層構造に基づく k 匿名化

5.4.1 一般化階層構造

一般化階層構造とは，間接識別情報の各属性に個別に与えられる属性値の抽象化を表現する木構造のことです．ここでは簡単のために，表 3.1 の間接識別情報の一部である年齢，性別，住所を対象とした一般化階層構造を導入します．また表記の都合上，住所（都道府県 + 市区町村 + 丁目）の表現として郵便番号を用いることにします．

これらの属性の一般化階層構造の例を図 **5.3** に示します．図にあるように，個別の属性値が最下層（e.g.，年齢 45 歳，郵便番号 001-0000）に，下層の値を含む一般化された値がその上の階層に（e.g.，[40-49] 歳，郵便番号 001），すべての値を含む最も一般化された値が 最上層に割り当てられています．5.3.1 節で説明した再符号化は，通常あらかじめ定めた一般化階層構造に従って値が決定されます．

一般化階層構造に従って属性値をより一般化するにつれて，各属性の属性値のバリエーションは減少します．結果として，間接識別情報の組み合わせが同じ値をとりやすくなりますから，k 匿名性が達成されやすくなります．図 5.3 の例では，一般化階層構造の階層の深さは性別が 2，年齢と郵便番号が 3 ですから，一般化のバリエーションは $18 = 2 \times 3 \times 3$ 通りになります．

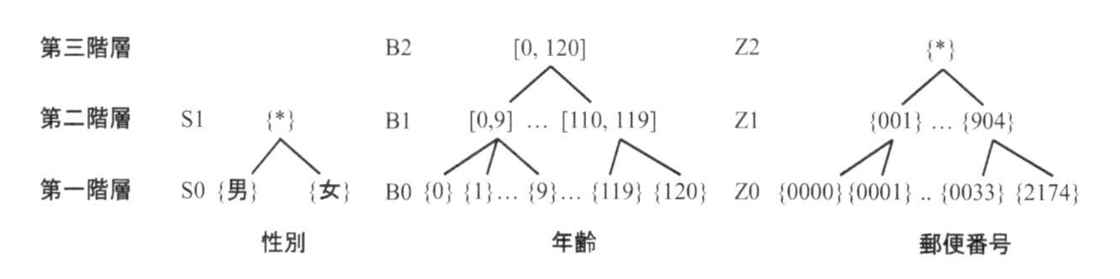

図 5.3 年齢，性別，郵便番号の一般化階層構造の例．

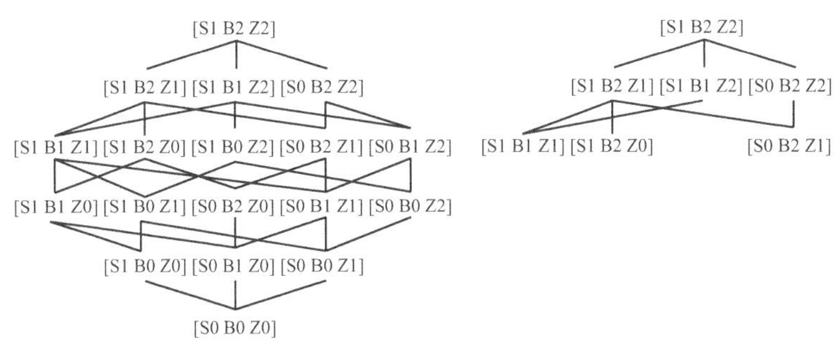

(a) 間接識別情報の組み合わせ　(b) 2 匿名性を満たす間接識別情報の組み合わせ

図 5.4 一般化階層構造における間接識別情報の組み合わせと匿名性.

図 **5.4**(a) は 18 種類すべての一般化の組み合わせを束として展開したものです*2.

図 5.4 において，S は性別，B は年齢，Z は郵便番号を表し，これに続く数字は下から何番目の一般化階層の属性値を用いているかを表します．たとえば，(S0, B2, Z1) は，性別属性では一般化なし，年齢属性では下から 2 階層目の一般化，住所属性では下から 1 階層目の一般化を適用した間接識別情報の組み合わせを表しています．図 5.4(b) は間接識別上の一般化の組み合わせのうち，k 匿名性を満たす間接識別情報の組み合わせのみを表しています．そのうち，最も低い一般化階層で 3 匿名性を達成している (S1, B1, Z1), (S1, B2, Z0)，(S0, B2, Z1) によって**表 5.5** のデータを一般化した結果を**表 5.6** に示します.

表 5.5 未加工の間接識別情報の例.

ID	年齢	性別	郵便番号
1	31	男	104-0044
2	42	女	104-0044
3	36	男	104-0054
4	38	男	104-0054
5	43	女	104-0013
6	34	女	104-0013

*2 ここで束は，任意の集合に対して，そのべき集合の要素を集合の包含関係によって順序を与えた半順序集合の意味で用いてます.

表 5.6 一般化階層構造による k 匿名性の達成．左から，(S1, B1, Z1)，(S1, B2, Z0)，(S0, B2, Z1) による一般化を表す．

ID	年齢	性別	zip	ID	年齢	性別	zip	ID	年齢	性別	zip
1	[30-39]	*	104-*	1	*	*	104-0044	1	*	男	*
2	[40-49]	*	104-*	2	*	*	104-0044	2	*	女	*
3	[30-39]	*	104-*	3	*	*	104-0054	3	*	男	*
4	[30-39]	*	104-*	4	*	*	104-0054	4	*	男	*
5	[40-49]	*	104-*	5	*	*	104-0013	5	*	女	*
6	[30-39]	*	104-*	6	*	*	104-0013	6	*	女	*

5.4.2 有用性と匿名性のトレードオフ

すべての属性値を一般化階層構造の最上位の属性値によって一般化する（図 5.4 の束では (S1, B2, Z2) に相当）ことで，原理的には任意のデータを k 匿名性をもつようにすることができますが，このような一般化はすべての属性値を $*$ でマスクしており，データに解析する価値が残されていませんから，意味のない匿名化です．データ匿名化においては，k 匿名性のようなプライバシー基準だけでなく，匿名化されたデータの**有用性**を評価する基準も同時に考慮する必要があります．

匿名化前のデータを $D = (x_1, \ldots, x_n)$，匿名化後のデータを $D' = (x'_1, \ldots, x'_n)$ とします．x_i の第 j 属性値を x_{ij} とします．有用性を評価する基準には，大きく分けて以下の 3 つの考え方があります．

- データの変化量による有用性基準

  匿名化前後のデータそのものの差分を評価し，その差分が最も小さいほど有用性が高いと評価する基準です．たとえばデータが数値属性ならば属性値間の距離の総和を評価します．

$$U_{\mathrm{Euclid}}(D, D') = \sum_{i=1}^{n} \sum_{j=1}^{d} (x_{ij} - x'_{ij})^2. \tag{5.1}$$

  ここで，U_{Euclid} はユークリッド距離を表します．

  データが離散属性ならば，匿名化前および後のデータにおける第 j 属性の確率質量分布を $p_j(\cdot)$ および $p'_j(\cdot)$ としたときに，その分布間の距離（たとえばカルバック・ライブラー・ダイバージェンス）U_{KL} を評価します．

$$U_{KL}(D, D') = \sum_{j=1}^{d} KL(p_j, p'_j) = \sum_{j=1}^{d} \sum_{x_j \in X_j} p_j(x) \log \frac{p_j(x)}{p'_j(x)}. \quad (5.2)$$

- 匿名化操作数による有用性基準

  匿名化前のデータ D から匿名化後のデータ D' に加工するために必要な手順数を評価し，その手順数が小さいほど有用性が高いと評価する基準です．一般化階層構造に基づく一般化においては，たとえば (S0, B2, Z1) は年齢属性について 2 回，郵便番号属性について 1 回の一般化を行っているので，有用性基準は 3 と評価できます．

- 解析結果の変化量による有用性基準

  匿名化データを用いて行うデータ解析手法があらかじめ決まっている場合には，解析結果による有用性基準を用いることができます．匿名化後のデータを用いて行ったデータ解析の結果を，匿名化前のデータを用いたデータ解析の結果を比較し，その差分が小さいほど有用性が高いと評価する基準です．たとえば，匿名化されたデータを用いて分類器を構築することが最終的な目標だとします．データ D を用いて構築した分類器のテスト誤差を $f(D)$ と表すことにすれば，この解析目標における有用性基準は $f(D) - f(D')$ となります．

データの変化量による有用性基準では，データの有用性を，匿名化手法およびデータ解析とは無関係に評価することができるため最も一般的といえます．ただし，データの変化量による有用性基準における有用性が高い場合でも，後に匿名化データを用いてデータ解析を実施したときに，匿名化前のデータにおける解析結果と変わらない良好な解析結果が得られる保証はありません．解析結果の変化量による有用性基準においては，後に行うデータ解析手法をあらかじめ決定した上で有用性を評価する必要がありますが，匿名化前後で解析結果との変化を直接評価していますから，解析結果が良好になるように匿名化手法を調整できるというメリットがあります．

5.4.3 最適な k 匿名化は NP 困難

データ解析を前提とした k 匿名化とは，匿名性をある一定程度維持しつつ，あらかじめ与えた有用性評価基準の下で，最も有用性の高い匿名化データを求める問題にほかなりません．このような匿名化を**最適な k 匿名化**と呼びます．残念ながら，k 匿名化は NP 困難な問題であることが知られています．つまり，最適な k 匿名化データを，多項式時間で求めることはできません．

最も単純なアルゴリズムとして，間接識別情報を大域的に抑制する操作のみが許された k 匿名化法を考えます．この方法はすべての間接識別情報について一般化階層構造が 1 段階（属性値を*に一般化する操作）のみであるような一般化による k 匿名化と解釈することもできます．間接識別情報が d 個あるこのような k 匿名化法において，匿名化操作数を有用性基準としたときに，$k \geq 3$ において最適な一般化の組み合わせを見つけることは，NP 困難な完全マッチング問題に帰着されます [24]．

したがって，k 匿名化アルゴリズムにおいては，k 匿名性を達成しつつ有用性基準において最適に近い近似解を求めるか，効率性を犠牲にし最適な k 匿名化を達成するか，どちらかの戦略を選ぶ必要があります．

5.4.4 Incognito

Incognito[20] は，一般化階層構造を用いた属性の一般化操作に基づく k 匿名化手法です．Incognito は多項式時間アルゴリズムではありませんが，以下に説明する k 匿名性の**単調性**を利用して，匿名化操作数による有用性基準において最適な k 匿名化を効率的に達成できる点に特徴があります．

あるデータセット D が k 匿名性をもつとき，D に含まれるすべての間接識別情報の組み合わせの値をもつレコードは，必ず k 個以上存在することを思い出してください．Incognito では，D が k 匿名性をもつならば，D に含まれるすべての間接識別情報の部分集合も k 匿名性をもつ（その逆は成り立ちません）という事実を利用しています．この事実を k 匿名性の**単調性** (monotonisity) と呼びます．たとえば，表 5.4 は，性別，住所，職業について 3 匿名性が保証されています．このとき，性別，住所，職業の部分集合，たとえば，性別と職業だけでテーブルを構成しても少なくとも $k = 3$ について k 匿名性が保証されます．

ある一般化された間接識別情報の組み合わせにおいて k 匿名性が成り立た

ないならば，単調性により，その組み合わせに別の間接識別情報を追加しても k 匿名性は成り立たちません．たとえば，表 5.5 では，一般化されていない年齢属性 (B0) は 2 匿名性をもちません．このとき，B0 と性別属性 (S0, S1) の組み合わせや，B0 と郵便番号属性 (Z0, Z1, Z2) の組み合わせも同様に 2 匿名性をもちませんから，年齢属性 (B0) を用いた匿名性は検討する必要がありません．このように，少数の属性の組み合わせで k 匿名性をチェックしておくことで，一般化の組み合わせを表す束の頂点をすべて考慮する必要がなくなります．Incognito はこの単調性に基づく枝刈りによって，最小限の一般化によって最適な k 匿名化を実現する一般化の組み合わせを効率的に探索します．ただし前述したとおり最適な k 匿名化は NP 困難な問題であり，Incognito も多項式時間で終了する保証はありません．

アルゴリズム 5.2 に Incognito のアルゴリズムを示します．

アルゴリズム 5.2 Incognito

1. $i = 1$: 単独の間接識別情報において，最も少ない一般化の回数で k 匿名性を満たす一般化階層を求めます．そのような一般化の集合を S_1 とします
2. For $i = 2, \ldots, d$
    1. S_{i-1} に含まれる i 個の間接識別情報の一般化の組み合わせの集合を C_i とします
    2. C_i の各要素について，一般化の束を幅優先探索し，最も少ない一般化の回数で k 匿名性を満たす一般化階層を求めます．そのような一般化の集合を S_i とします
3. S_d を出力します

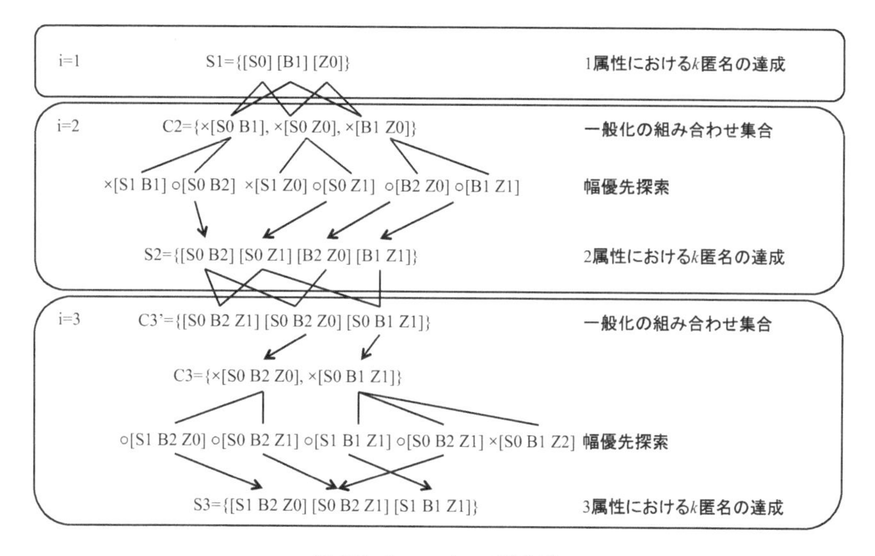

図 5.5 Incognito の動作例.

表 5.5 を例に，2 匿名性を満たす一般化を求める Incognito の動作の例を説明します（**図 5.5**）．$i=1$ において，最も少ない一般化の回数で 2 匿名性を満たす間接識別情報の一般化はそれぞれ，性別 S0，年齢 B1，郵便番号 Z0 ですから，$S_1=\{S0,B1,Z0\}$ となります．

$i=2$ においては，S_1 の要素の組み合わせから $C_2=\{(S0,B1),(S0,Z0),(B1,Z0)\}$ を得ます．このそれぞれの要素について，幅優先探索によって，最も少ない一般化の回数で，2 匿名性を達成する一般化の組み合わせを見つけます．たとえば，$(S0,B1)$ は 2 匿名性を満たしませんから，これを一般化した $(S1,B1)$ および $(S0,B2)$ を検討します．$(S1,B1)$ は 2 匿名性を満たしませんが，$(S0,B2)$ が 2 匿名性を満たしますから，これを S_2 へ追加します．

同様に，$(S0,Z0)$ について幅優先探索を行います．$(S0,Z0)$ は 2 匿名性を満たしませんから，$(S1,Z0)$ および $(S0,Z1)$ を検討します．ここでは $(S0,Z1)$ が 2 匿名性を満たしますから，これを S_2 へ追加します．

$(B1,Z0)$ も同様に処理します．$(B1,Z0)$ は 2 匿名性を満たしませんから，2 匿名性を満たす $(B1,Z1)$ および $(B2,Z0)$ を S_2 へ追加します．

$i=3$ においては，S_2 の要素の組み合わせのうち，より少ない一般化の回

数で構成される $C_3 = \{(S0, B1, Z1), (S0, B2, Z0)\}$ から探索を開始します．$(S0, B2, Z1)$ は $(S0, B1, Z1)$ の一般化から得られるので，ここでは対象になりません）．C_3 から構築され，k 匿名性を満たす間接識別情報の一般化の組み合わせ S_3 は図 5.4(b) と一致します．本来であれば，18 通りの一般化の組み合わせを全探索するところ，Incognito では単調性を利用することで，探索すべき組み合わせが大きく削減されていることがわかります．

5.5 仮名化／匿名化データの提供における注意点

データ単体では正しく仮名化あるいは匿名化されていても，条件によっては特定性が意図したとおり低減されず，特定が起こることがあります．

5.5.1 仮名化／匿名化データの並び順

仮名化あるいは匿名化データにおいて，データの順序に仮名化あるいは匿名化前データの情報が含まれている場合があります．具体的には，仮名化あるいは匿名化データの並び順が仮名化あるいは匿名化前のデータのユーザーID でソートされたまま提供されていた場合，たとえ仮名化や匿名化がなされていたとしても，その順序から特定が起こる場合があります．データ提供の際は，データの順序が特定に寄与する情報を含まないようにランダムシャッフルするなどデータの並び順を決定する必要があります．

5.5.2 履歴データの仮名化／匿名化

パーソナルデータは 1 人に関する情報が 1 つのレコードに含まれる個人属性データと，1 人に関する情報が複数のレコードに含まれうる履歴データのどちらかの形式で表現されることはすでに述べました．これまでの仮名化と匿名化の説明では，データが個人属性データであることを前提に，特定のリスクを議論していました．ここではデータが履歴データであるときに，特定のリスクと，これを低減するための仮名化と匿名化を検討します．

個人属性データにおける特定リスクを評価するには，あるレコードが個人と一対一で結び付くかどうかを検討すれば十分でした．一方，履歴データにおける特定リスクを評価するには，ある同一人物に関する情報を表す複数のレコードの集合が特定の個人と一対一で結び付くかどうかを検討する必要があります．

以下の形式で与えられる仮名化された移動履歴を例にとります．

$$\{\text{仮名 ID}, (\text{日付時刻 }1, \text{緯度経度 }1), (\text{日付時刻 }2, \text{緯度経度 }2), \ldots\}$$

特定を試みる攻撃者が取得可能な外部情報が一定の量であるとした場合，履歴データの収集期間が長期間になるほど，外部情報と履歴が照合される可能性は高まります．同一ユーザーの行動が長期間にわたって追跡できないようにするには，一定期間ごとに仮名 ID を更新する必要があります．仮名 ID を一定期間で更新することによって，ある期間における履歴データから何らかの理由で個人が特定されたとしても，その個人の全履歴データが特定されることを防ぐことができます．

一般に履歴データの収集期間が長期間にわたる場合には，履歴データの k 匿名性を達成することは事実上困難です．たとえば上に示した移動履歴データが k 匿名性を達成するためには，k 人がデータに記録されている期間にわたり同一の行動をする必要がありますが，そのようなことは日常的には起こりえません．一般化や墨塗りによって k 匿名性をもつ移動履歴を生成することが不可能であるとまではいえませんが，多くの場合には過度な一般化が必要で，利用価値の高い匿名化データを構築することは現実的ではありません．

そこで，

1. 同一個人が長期にわたって追跡されないように，一定期間ごとに仮名 ID を変更しつつ仮名化を行う
2. 個人の属性として永続的に変化しない情報のみを間接識別情報として定義し，間接識別情報については一定程度の匿名性を維持して特定リスクを低減する
3. 移動履歴データの部分は間接識別情報とは定義せず，3 章に記載したような意図せず混入する要配慮情報の抑制，それ単独で特定を引き起こす特異な情報の抑制，居住地/勤務地などを推測させる習慣性などに配慮する

などの加工方法が考えられます．

履歴データの場合は解析目的に合わせてデータを加工し，不必要に大量のデータを提供しないことも特定リスクの低減の観点からは重要です．たとえば，データを取得する者の目的が，ある特定の場所や地域にかかわるデータ解析であるならば，データ提供者はすべての場所や地域における全履歴データを提供するのではなく，その地域を発着点としてもつ履歴データに限って選択的に提供すれば，提供データには居住地/勤務地などを推測させる習慣的なパターンが含まれにくくなります．

移動履歴に限らず，一般論として，履歴データと外部情報との照合による特定を技術的に防ぐことは非常に困難です．そういった照合を禁止した上で，データ提供することが現実的な対応となるでしょう．

Chapter 6

識別不可能性と攻撃者モデル

本章はプライバシーに形式的な定義を与える上で避けて通れない攻撃者モデルと，秘匿性の理論保証の基礎となる識別不可能性の概念を導入します．この 2 つの概念は，本書の主要なトピックである，パーソナルデータの外部提供，統計量の外部公開，および秘密計算の安全性の議論の根幹をなすものです．

6.1 計算と秘匿性

秘密の入力 x について f の出力 $y = f(x)$ を公開したとします．攻撃者が y を得たとき，x がどの程度推測されるかはどのようにして評価すればよいでしょうか?

攻撃者が推測のために利用可能な計算資源 (計算能力)，推測に用いる背景情報やアルゴリズムなどの観点から特徴づけられた攻撃者のクラスを**攻撃者モデル**と呼びます．攻撃者モデルを定めることによって，出力から入力がどれだけ推測されるかについて詳しく考察することができます (図 **6.1**)．これを f の**秘匿性**と呼びます．

f の定義によって，秘匿性の評価対象は以下のように変化します．

- f が暗号化アルゴリズムの場合: 暗号理論における安全性定義は，秘匿

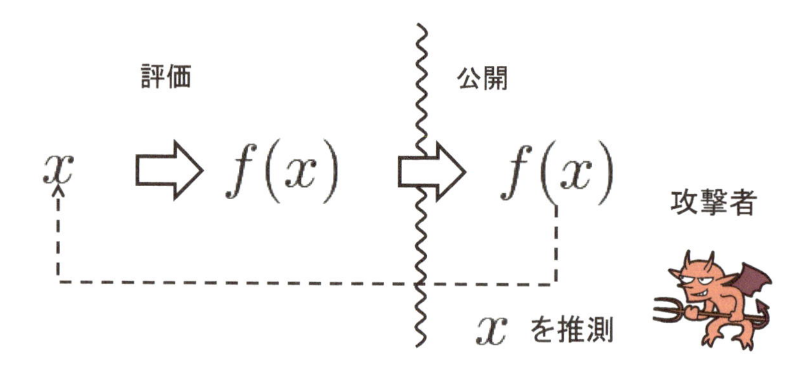

図 6.1　攻撃者による秘密情報の推測.

性の理解の基礎になります．f は平文を入力にとり，暗号文を出力します．平文とは人間が見てその意味を理解できる情報，暗号文とはある平文に対応する情報で，人間が見てその意味を理解できませんが，ある限られた者（具体的には，復号のための鍵となる情報をもつ者）のみが簡単な操作によってそれを平文に戻すことができるような情報です．暗号化アルゴリズム f の秘匿性は，暗号文 $f(x)$ から鍵を用いずに平文 x がどれだけ推測できるか（できないか）によって評価されます．

- f がデータ匿名化アルゴリズムの場合: 5 章までに説明したデータ匿名化は，f は個人属性データ x を入力にとり，特定のリスクが低減された同形式の個人属性データ $f(x)$ を出力する問題でした．データ匿名化アルゴリズム f が保証する秘匿性は，匿名化データ $f(x)$ から x に含まれる個人がどれだけ特定できるかによって評価されます．
- f が**統計的クエリ**の場合: 7 章で導入する差分プライバシーでは，f は**統計データベース**（個人属性データ）x を入力にとり，統計解析の結果 $f(x)$ を出力する問題を扱います．統計解析の出力とは，たとえば数値データの平均値，離散データのヒストグラム，機械学習によって学習された統計モデルなどが含まれます．統計的クエリの秘匿性は，統計量 $f(x)$ から，個人属性データ x に含まれる値をどれだけ推定できるか（できないか）によって評価されます．
- f が**秘密計算**プロトコルの場合: 10 章で導入する秘密計算では，あらかじめ指定した任意の関数 f は複数の者から任意の秘密データを入力にとり，その関数の評価結果を出力する問題を扱います．秘密計算の秘匿性は，秘密計算プロトコルの過程においてやり取りされた情報から，入力 x に含まれる値をどれだけ推定できるか（できないか）によって評価されます．

攻撃者が $f(x)$ から x を得ようとしているとします．このとき f がどのような性質をもてば $f(x)$ の秘匿性が保証されているといえるのでしょうか?

本章では，$f(x)$ の公開における一般的な秘匿性や攻撃者モデルを定義し，7 章以降で導入する差分プライバシーや秘密計算における秘匿性の理解に必要な概念を導入します．ここで導入する秘匿性の概念は本来は暗号の秘匿性定義のために導入された定義です．暗号の秘匿性を匿名化や統計量公開におけるプライバシー保護と比較することで，プライバシー保護の問題における攻撃者モデルと安全性についての理解を深めます．

6.2 記法

はじめに秘匿性の定義に必要な記法を導入します．

6.2.1 多項式時間アルゴリズムと多項式領域アルゴリズム

入力 x のサイズを $n \in \mathbb{N}$ とし，n の多項式を $\mathrm{poly}(n)$ と書きます．$\mathbb{N}$ は自然数の集合を表します．解くべき問題の入力のサイズ n について，終了までに要するステップ数が $\mathrm{poly}(n)$ であるアルゴリズムを**多項式時間アルゴリズム**といいます．一方で，終了までに要するステップ数が定数 $C > 1$ について C^n を超えるようなアルゴリズムを**指数時間アルゴリズム**といいます．ステップ数が $\log n, n, n^2, n^{100}$ に比例するアルゴリズムは，多項式時間アルゴリズムです．ステップ数が $1.00001^n, 2^n$ に比例するアルゴリズムは指数時間アルゴリズムです．

同様に，解くべき問題の入力のサイズ n について，終了までに要するメモリ領域のサイズが $\mathrm{poly}(n)$ であるアルゴリズムを**多項式領域アルゴリズム**といいます．また，終了までに要するメモリ領域のサイズが定数 C について C^n を超えるようなアルゴリズムを**指数領域アルゴリズム**といいます．

5 章に示した Incognito アルゴリズムは，一般化階層構造に従い属性の一般化の組み合わせを列挙します．列挙される組み合わせの数は最悪ケースではすべての組み合わせになります．組み合わせの総数は属性数 d について $O(d!)$ となり指数的に増加するので，Incognito アルゴリズムは指数時間アルゴリズムです．

6.2.2 決定的アルゴリズムと確率的アルゴリズム

入力 x をとるアルゴリズム $\mathcal{A}$ の出力を $y \leftarrow \mathcal{A}(x)$ と書きます．ある入力を与えたときに，その出力が必ず一通りに定まるアルゴリズムを**決定的アルゴリズム**といいます．与えられた入力に対してアルゴリズムを実行したときに，その途中のステップにおいてコイン投げを行い，その結果に従って結果が確率的に変化するアルゴリズムを**確率的アルゴリズム**といいます．多項式時間で計算できる確率的アルゴリズムを**確率的多項式時間アルゴリズム**といいます．

たとえば，n 個の数値データからなる母集団が与えられたときに，その平均値（母集団平均）を求めるアルゴリズムは決定的アルゴリズムです．n 個中 $n' < n$ 個の数値データを一様ランダムに選択し，その平均値（標本平均）を求めるアルゴリズムは確率的アルゴリズムです．

$\mathcal{A}$ が確率的アルゴリズムのとき，$\mathcal{A}(x)$ は確率変数になります．たとえばサンプル数が十分大きい場合，標本平均は母集団平均を中心とした正規分布に従います．

6.2.3 無視できる関数

「無視できる」とは，ある関数の出力が入力に対して指数的に小さくなるということを意味しています．以下に無視できる関数を定義します．

定義 6.1（無視できる関数）

関数 $\epsilon : \mathbb{N} \to \mathbb{R}$ が n に関して**無視できる**とは，任意の正の多項式 $\mathsf{poly}(n)$ に対して，ある整数 $n_p \in \mathbb{N}$ が存在し，$n > n_p$ であるすべての $n \in \mathbb{N}$ に対して，$\epsilon(n) < 1/\mathsf{poly}(n)$ が成り立つことです．このような無視できる関数を $\mathsf{negl}(n)$ と書きます．

たとえば，関数 f と関数 g の差に興味があり，両者が完全には一致しないときに，その差がとるに足らないほど小さいのか，それとも無視できないほど大きいのかに興味があるとします．このとき，$1/n^2$ は無視できる関数ではありませんが，$1/2^n$ は無視できる関数です．このような差が無視できる関数で表されるとき，その差が多項式個積み上がったとしても，その差は「無視」できます．

6.2.4 確率

確率分布 d に従う確率変数を X とし，これを $X \sim d$ と書くことにします．確率変数の取りうる値の集合を Ω とします．確率変数の値が x となる確率を $\Pr_{X\sim d}(X = x)$ と書きます．確率変数が取りうる値の部分集合 $S \subseteq \Omega$ について，X の値が S に含まれる確率を $\Pr_{X\sim d}(X \in S)$ と書きます．確率分布が自明の場合には，省略して $\Pr(X = x), \Pr(x)$ や $\Pr(X \in S)$ などと書きます．

確率的アルゴリズム $\mathcal{A}$ に入力 x を与え，その出力を y とします．このとき y はある確率分布に従う確率変数になります．たとえば，$\mathcal{A}$ は，サイコロを振り出た値の数を返す確率的アルゴリズムであるとします．出た値は $y \leftarrow \mathcal{A}(x)$ と表記します．

y を関数 f で評価した値が z になる確率を $\Pr_{y\leftarrow\mathcal{A}(x)}(z = f(y))$ と書きます．このときのランダムネスは，確率的アルゴリズム $\mathcal{A}$ の内部状態（コイン投げ）です．たとえば，出た値を 10 倍する関数を $f(y) = 10y$ とします．$\Pr_{y\leftarrow\mathcal{A}(x)}(60 = f(y))$ は，入力 x および $\mathcal{A}$ の内部状態のランダムネスに対して，f の出力が 60 となる確率を表します．

6.3 識別不可能性

関数 f の秘匿性は，**識別不可能性**と呼ばれる概念によって特徴づけられます．関数 f が確率的アルゴリズムであるとき，その出力は確率分布となります．直感的には，識別不可能性とは，2 つの異なる値 $x \neq x'$ を入力とする f の出力の確率分布 $f(x), f(x')$ を見分けることの困難さを定義します．もし 2 つの分布 $f(x), f(x')$ の見分けがつかないのであれば，f による出力（その出力は確率的に変動します）を与えた入力は，x であったのか x' であった

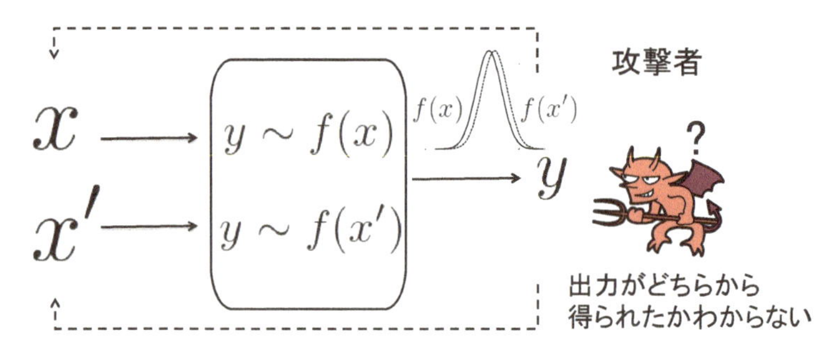

図 6.2 識別不可能な 2 つの分布.

のか見分けがつかないということですから，f による出力は入力の秘匿性を守っているといえます（図 **6.2**）.

識別不可能性は，2 つの分布を識別しようとする攻撃者の 2 つの性質に基づいて特徴づけられます．1 つは，識別の定義です．何をもって「識別できない」と定義するかには任意性があり，これによって識別不可能性の定義が変わります．もう 1 つは攻撃者の能力です．どのような計算能力をもつ攻撃者がどのような**背景知識**[*1] とどのようなアルゴリズムを用いて「識別」しようとしているかによって，識別不可能性の定義は変わります.

6.4 情報理論的識別不可能性

6.4.1 情報理論的識別不可能性の定義

2 つの分布が一切区別できないことを**情報理論的識別不可能**あるいは**完全秘匿**と呼びます.

---

*1 前章まで用いていた外部情報と背景知識は同じ概念です．前章までは匿名化の文脈でよく用いられる外部情報を用いましたが，本章以降は背景知識を用いることにします.

定義 6.2（情報理論的識別不可能性）

任意の $n \in \mathbb{N}$ について確率変数 X_n, X'_n の定義域を $\{0,1\}^n$ とします．X_n, X'_n はそれぞれ確率分布 d_n, d'_n に従います．すべての $n \in \mathbb{N}$ およびすべての $x \in \{0,1\}^n$ において，式 (6.1) が成り立つならば，確率分布 d_n および d'_n（あるいは確率変数 X_n および X'_n）は**情報理論的識別不可能**であるといいます．

$$\Pr_{X_n \sim d_n}(X_n = x) - \Pr_{X'_n \sim d'_n}(X'_n = x) = 0 \tag{6.1}$$

ここで，確率は確率変数 X_n あるいは X'_n についての確率です．d_n と d'_n が情報理論的識別不可能であるとは，2 つの分布が完全に同一であることを意味しています[*2]．以下に，情報理論的識別不可能な 2 つの分布の例を挙げます．

例 6.1（コイントス）

オモテとウラが正確に 1/2 の確率で出る 2 枚のコイン A，B を考えます．これらのコインでコイントスをしたとき，その出目はベルヌーイ分布に従います．出目が従う 2 つのベルヌーイ分布はまったく同一の分布であって，情報理論的識別不可能です．

6.4.2 情報理論的識別不可能性に基づく秘匿性

f を確率的アルゴリズムとし，f は秘密情報 $x \in \{0,1\}^*$ を入力としたときの出力 $f(x) \in \{0,1\}^n$ を公開します．$\{0,1\}^*$ は任意長のビット列を表します．識別不可能性の定義に基づいて，f の秘匿性を定義します．f は確率的アルゴリズムですから，その出力はある確率分布に従います．

任意の入力のペア x, x' および任意の出力 y について，

*2 正確にいえば，定義は分布族 $\{d_n\}_{n\in\mathbb{N}}$，$\{d'_n\}_{n\in\mathbb{N}}$ が情報理論的識別不可能であるということを表しています．

$$\Pr_{z \leftarrow f(x)}(z = y) - \Pr_{z \leftarrow f(x')}(z = y) = 0 \tag{6.2}$$

ならば f は情報理論的識別不可能性に基づく秘匿性をもつ，あるいは完全秘匿であるといいます．以下に，情報理論的識別不可能性に基づく秘匿性をもつ確率的アルゴリズム f の例を挙げます．

ワンタイムパッドは完全秘匿性を満たす秘密鍵暗号です．任意の入力ビット列 $x, x' \in \{0,1\}^n$ を考えます．k を $\{0,1\}^n$ から一様ランダムに選びます．このとき，$f_{\mathsf{k}}(x) = x \boxplus \mathsf{k}$ および $f_{\mathsf{k}}(x') = x' \boxplus \mathsf{k}$ は $\{0,1\}^n$ 上の一様分布に従います．ここで $\boxplus$ は排他的論理和を表します．2 つの値が従う 2 つの一様分布はまったく同一の分布であって，情報理論的識別不可能ですから，f は完全秘匿性をもちます．ワンタイムパッドとその秘匿性については 11 章で再び触れます．

6.5 計算量的識別不可能性

6.5.1 計算量的識別不可能性の定義

2 つの分布が効率的には区別できないことを**計算量的識別不可能性**と呼びます．計算量的識別不可能性では，2 つの分布が実際には異なっていても，効率的な方法では見分けることができないならば，その 2 つの分布は同じ分布と見なしてよいというアイディアに基づいています．

あるサンプル x が分布 d から生成されたのか分布 d' から生成されたのかを識別する以下のような確率的多項式アルゴリズム $\mathcal{A}$ を考えます．

$$\mathcal{A}(x) = \begin{cases} 1 \text{ if } x \text{ が } d \text{ から生成されたと判断} \\ 0 \text{ otherwise} \end{cases} \tag{6.3}$$

このとき，どのような確率的多項式アルゴリズム $\mathcal{A}$ を用いても，どちらの分布から得たサンプルなのか正しく言い当てることができる確率が無視できるぐらい小さいならば，確率的多項式時間アルゴリズムである攻撃者にとって d と d' を区別することはできないといえるでしょう．以下に定義を示します．

定義 6.3（計算量的識別不可能性）

すべての $n \in \mathbb{N}$ において，確率変数 X_n, X'_n は確率分布 d_n, d'_n に従うものとします．このとき，任意の $x \in \{0,1\}^n$，すべての確率的多項式時間アルゴリズム $\mathcal{A}$ および $n \in \mathbb{N}$ において，式 (6.4) が成り立つならば，確率分布 d_n および d'_n（あるいは確率変数 X_n および X'_n）は計算量的識別不可能であるといいます．

$$\left| \Pr_{X_n \sim d_n}(\mathcal{A}(x) = 1, X_n = x) - \Pr_{X'_n \sim d'_n}(\mathcal{A}(x) = 1, X'_n = x) \right| < \mathsf{negl}(n) \tag{6.4}$$

ここで，確率は確率変数 X_n あるいは X'_n および確率的多項式時間アルゴリズム $\mathcal{A}$ の内部状態についての確率です．計算量的識別不可能な分布の例については，11 章の例 11.5 を参照してください．

6.5.2 計算量的識別不可能性に基づく秘匿性

計算量的識別不可能性に基づく確率的アルゴリズム f の秘匿性を考えます．任意の入力のペア x_n, x'_n および出力 y，すべての確率的多項式時間アルゴリズム $\mathcal{A}$ およびすべての $n \in \mathbb{N}$ について

$$\left| \Pr_{y \leftarrow \mathcal{A}(z), z \leftarrow f(x_n)}(y = 1) - \Pr_{y \leftarrow \mathcal{A}(z), z \leftarrow f(x'_n)}(y = 1) \right| < \mathsf{negl}(n) \tag{6.5}$$

ならば，f は計算量的識別不可能性に基づく秘匿性をもちます．

多くの公開鍵暗号系は計算量的識別不可能性に基づく秘匿性を保証します．計算量的識別不可能性をもつ公開鍵暗号系の例の 1 つとして，ElGamal 暗号があります．詳しくは 11.2 節を参照してください．

6.6 識別不可能性に基づく秘匿性と攻撃者モデル

f を識別不可能性に基づく秘匿性をもつ関数とします．f の入力 x に対する出力を $y = f(x)$ とします．出力 y を得て，その入力を推測しようとする

者を**攻撃者**と呼びます．攻撃者は，

1. 推測に用いる攻撃アルゴリズム（特定のアルゴリズムによる推測か，任意のアルゴリズムによる推測か）
2. 推測に利用できる計算資源（多項式時間・多項式領域アルゴリズムか，指数時間・指数領域アルゴリズムか）
3. 入力に関する背景知識（推測に利用できるアルゴリズムに出力以外のどのような入力をとることができるか）

によって特徴づけられます．

6.6.1 情報理論的識別不可能性における攻撃者モデル

情報理論的識別不可能性は，無制限の計算時間と領域をもつ攻撃者に対する秘匿性を保証しています．そのことは，関数 f が情報理論的識別不可能性をもつならば，任意の指数時間・指数領域アルゴリズム $\mathcal{A}$ について

$$\Pr_{y \leftarrow \mathcal{A}(z), z \leftarrow f(x_n)}(y=1) - \Pr_{y \leftarrow \mathcal{A}(z), z \leftarrow f(x'_n)}(y=1) = 0 \tag{6.6}$$

が成り立つことからわかります．また，攻撃者は出力以外の背景知識をもちませんが，推測には任意の攻撃アルゴリズムを用いることを想定します．情報理論的識別不可能な 2 つの分布は完全に一致しており，無制限の計算能力をもつ識別者であっても，この 2 つの分布を見分けることができません．

6.6.2 計算量的識別不可能性における攻撃者モデル

計算量的識別不可能性は，式 (6.5) に定義されるように，多項式時間・多項式領域の計算資源をもつ攻撃者に対する秘匿性を保証しています．そのことは，式 (6.5) からわかります．情報理論的識別不可能性と同様に，攻撃者は出力以外の背景知識をもちませんが，推測には多項式時間・多項式領域の制限の下で任意の攻撃アルゴリズムを用いることを想定します．

より強力な攻撃者に対して識別不可能性を保証する秘匿性は，より強力な秘匿性といえます．情報理論的識別不可能性は計算量的識別不可能性より強

力な攻撃者を想定しており，この順番でより強い秘匿性を達成しているといえます．

6.7 データ匿名化が想定する攻撃者モデル

5章までに議論していたk匿名化では本章で導入した一般的な攻撃者モデルに基づけば，以下のような攻撃者を想定していました．

- 推測に用いる攻撃アルゴリズムは，「間接識別情報と公開された匿名化データの照合」に限定
- 攻撃アルゴリズムは指数時間・指数領域アルゴリズム
- 入力に関する背景知識は，間接識別情報の一部あるいは全部

匿名化アルゴリズムが想定する攻撃者モデルは，攻撃アルゴリズムが限定的であり，本章で導入した一般的な識別不可能性に基づく秘匿性に比べ，その保証は弱いものです．より強力な攻撃者モデルを仮定し，それに対応した秘匿性を達成する匿名化データ提供を行うことは不可能ではありません．しかし，データの有用性と秘匿性はトレードオフの関係にあり，そのようなデータには解析する価値が残されていないということになりかねません．いくら秘匿性が高くても無価値な情報を公開することに意味はありません．

匿名化アルゴリズムは，攻撃者の攻撃アルゴリズムや背景知識を現実的な範囲に制限しています．より強力な背景知識や計算能力をもつ攻撃者による攻撃に対しては法令によりペナルティーを与えられることを仮定し，そのような攻撃を仕掛けることが合理的ではなくなることを期待しています．

Chapter 7

統計量の公開における差分プライバシーの理論

データ収集者が多数の個人から収集した個人データについて統計解析を行い，その結果得られた統計量を公開する状況を考えます．攻撃者がこのような統計量を得たときに，個人に関する情報はどれだけ推測されうるのでしょうか？　本章では，差分プライバシーが情報理論的識別不可能性と呼ばれる完全な秘匿性と，まったく秘匿性を保証しない決定的なクエリ応答との中間的な「弱い秘匿性」の実現であることを識別不可能性の観点から示します．また差分プライバシーは「任意の背景知識をもつ攻撃者に対する安全性を保証する」といわれます．差分プライバシーの攻撃者モデルを，semantic privacy と呼ばれるベイズ推定の枠組みから定義されるプライバシー定義と比較しつつ議論します．

7.1　統計量の公開

統計量公開の問題では，個人，データ収集者，データ利用者の三者が登場します．統計量公開は以下のプロセスによって行われます（図 **7.1**）．

1. データ収集者は個人からデータを収集する（統計データベースの構成）
2. データ利用者はデータ収集者に統計解析を依頼する（クエリの発行）
3. データ収集者はクエリに応じた統計解析を実行し，その結果得られた

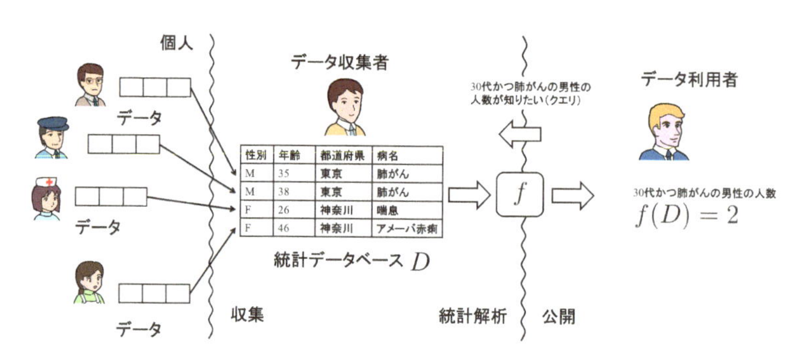

図 7.1　統計データベースにおける統計量の公開.

統計量をデータ利用者に提供する（統計量の公開）

母集団からサンプルされた標本集合で構成される統計データベースにおいて，統計解析の目標は母集団に関する統計的な知識を得ることです．通常の統計解析では標本集合から統計量を計算し，これをそのまま公開します．

図 7.1 は個人データからなる統計データベースにおける統計量の公開の例を表しています．ある医療保険の被保険者について，年齢，出身都道府県，罹患している疾患を記録した統計データベースについて，データ利用者が「年齢が 30 代で肺がんに罹患している男性の人数が知りたい」という統計クエリを発行し，その結果を「2 人」と得ています．

7.2　統計量公開におけるプライバシー

攻撃者は，このデータベースに記録されている個人について，その統計量ではなく個別具体的な情報を知りたいと考えているとします．データベースは個別の人物の情報は公開しませんが，その統計量はクエリに応じて公開します．そこで攻撃者は，このデータベースを用いてデータ収集者から公開される統計量から個人に関する情報を推測しようとします．統計量は多数の情報の全体的な傾向を表す情報ですから，直感的には個別の人物の情報を推測させることはありえないように思えます．しかし条件によっては，公開された統計量から個人に関する情報を高い精度で推測できる場合があります．

攻撃者は図 7.1 のデータベースに，「肺がんを罹患している人物の人数」と「A さんを除いたデータベース全員について，肺がんを罹患している人物の人数」を問い合わせるクエリを発行したとしましょう．2 つの応答値を比較し，もし値が 1 つ異なるならば，攻撃者は A さんが肺がんを罹患してることを知ります．

この例は極端な例でしたが，より判断の難しいケースもあります．たとえば攻撃者が「A さんは東京都在住の 30 代の人間で，この医療保険の被保険者である」ことを知っており，「A さんは肺がんかどうか」を知りたいとします．このとき，攻撃者が

1. 「東京都在住の 30 代で肺がんを罹患している人物」
2. 「全国の 30 代で肺がんを罹患している人物」
3. 「東京都在住で肺がんを罹患している人物」

の 3 つのクエリを発行したとしましょう．データベースがこれらのクエリに応答したときに，攻撃者の「A さんは肺がんである」という推測の確信度は変化するでしょうか？　変化するとしたらどの程度変化するでしょうか？　また攻撃者が A さんの居住地を知らない場合，確信度はどのように変化するでしょうか？

たとえ攻撃者が個人に関する情報を高い精度で推測できなくとも，実際にどの程度正確に推測され得るのかを定量的に評価することはリスク管理の観点から有用です．統計量公開におけるプライバシーでは，個別の情報が「どの程度正確に推測され得るのか?」を定量評価することが目的の 1 つといえます．

現在一般に公開されている多くの統計資料は，実際に個人に関する情報を高い精度で推測させるようなものではありません．しかし攻撃者が対話的にデータベースにクエリを発行できる場合には，統計量の公開からどのような情報が推測されるのかは自明ではありません．また 6 章で議論したように，公開された情報に対する安全性は攻撃者モデルに基づいて議論する必要がありますが，攻撃者の背景知識を事前に想定することは多くの場合困難です．

データ利用者がある程度の自由度をもって設計した統計クエリを発行し，

それにデータ収集者が応答して統計量を公開するときに，攻撃者による個人に関する情報の推測のリスクを適切に管理するためには，

1. 攻撃者がどのような背景知識をもっているとしても，個人の情報が推測されるリスクが適切に制御されていること
2. 対話的なクエリ応答について，個人に関する情報が推測されるリスクが適切に制御されていること

が必要です．

本章では，統計量の公開について，このようなリスクを適切に管理することを意図して設計された安全性定義である**差分プライバシー**を導入します．

7.2.1 独立性検定

統計量の公開が個人のプライバシーを侵害しているかどうかは，それ自体判断の難しい問題です．本章では疫学調査を例に，統計量の公開について，プライバシー侵害として捉えるべきでない事例と，捉えるべき事例について考察します．疫学調査では，ある対象疾患の罹患にある要因が有意に関連しているかを統計的に検定します．ここでは「ある遺伝子をもつ者は，肺がんに罹患するリスクが高い」という仮説が正しいかどうかを疫学調査することを考えます．

このような仮説の検定には，2 つの事象が独立に起こっているのかそれとも関連性があるのかを検定する**カイ二乗独立性検定**を用いることができます．再び肺がんを例にとれば，ある母集団において「肺がんを罹患している群」と「肺がんを罹患していない群」を考えます．前者を**ケース群**，後者を**コントロール群**と呼びます．肺がんの罹患に関連が深いと予想される要因として，個人ごとに異なる遺伝的特徴の有無を考えます[*1]．この「肺がんの罹患の有無」と「ある遺伝的特徴の有無」の 2 つの要因の独立性を検定し，「あ

*1 指紋が個人ごとにそれぞれ異なるように，ヒトの遺伝子も一塩基単位で個人間の相違が存在します．ある程度以上の頻度をもって観察される塩基の多様性を一塩基多形 (single nucleotide polymorphism, SNP) と呼びます．このような遺伝子上の"個人差"が個人の体質，ひいては特定の疾患を引き起こす原因の 1 つになっていると考えられています．ここでは，各個人が特定の SNP をもっているかいないかを遺伝的特徴の有無と考えることにします．

表 7.1 分割表の例.

	遺伝的特徴 A をもつ	遺伝的特徴 A をもたない	
ケース群（肺がんあり）	n_{1A}	n_{1a}	n_1
コントロール群（肺がんなし）	n_{2A}	n_{2a}	n_2
	n_A	n_a	n

る遺伝的特徴の有無」が「肺がんの罹患の有無」に有意に関連しているかどうかを調査します.

ケース群およびコントロール群において，2 つの要因をカウントした表を**分割表**と呼びます. **表 7.1** は遺伝的特徴 A の有無と肺がんの罹患の有無に関する分割表です. 直感的には，遺伝的特徴 A の有無によってケース群とコントロール群におけるカウントの分布が大きく異なるならば，遺伝的特徴 A の有無と肺がんの罹患は関連していると理解できます.

カイ二乗検定の検定統計量は，分割表から式 (7.1) で求めることができます.

$$T = \frac{n(n_{1A}n_{2a} - n_{1a}n_{2A})^2}{n_A n_a n_1 n_2} \tag{7.1}$$

この検定統計量 T が大きければ大きいほど，遺伝的特徴 A の有無と肺がんの罹患の関連が強いといえます. 具体的には，ある有意水準 α が与えられたときに，検定統計量 T が，α とカイ二乗分布表から定まるある閾値を超えた場合に，「遺伝的特徴 A と肺がんの罹患は関連しない」という帰無仮説が棄却され，有意水準 α において両者が関連していることが示されます. 以降では，統計的検定のための統計量公開を例にプライバシーの保護について考察します.

7.2.2 事例 1: 統計量公開がプライバシーの侵害を起こしていない例

疫学者は，個人ごとに異なる遺伝的特徴が肺がんの発症に及ぼす影響を調査したいとします. X さんは，自分の遺伝的特徴と肺がんに関する既往歴の情報を疫学者に提供したとします. 疫学者は，X さん以外に対しても同様な情報を収集し，遺伝的特徴 A の有無を要因とし，肺がんの罹患の有無をケース群とコントロール群とし，遺伝的特徴 A の有無と肺がんの罹患に関する独立性検定を行いました. その結果，疫学者は「遺伝的特徴 A の有無と肺がんの罹患は有意に関係する」という結果を得て，それを論文の形で出版（一般公開）したとします．このとき，以下の問題を考えます．

問題 7.1 （論文出版）

X さんは遺伝的特徴 A をもち，かつ肺がんを罹患しているとしましょう．このような論文の出版は X さんのプライバシーを侵害したといえるでしょうか？

X さんは疫学者に，「私は遺伝的特徴 A をもち，かつ肺がんである」という情報を提供し，結果として「遺伝的特徴 A と肺がんの発症は有意に関係する」という統計的検定の結果が一般公開されました．一般公開された情報は X さんの提供情報とよく適合しており，X さんの秘密の情報が公開されてしまったように感じられます．しかし「遺伝的特徴 A と肺がんの発症は有意に関係する」という情報は，X さんが疫学者に情報を提供しようとしなかろうと，（ほとんど同じ確率で）公開されたはずの情報ですから，プライバシーの侵害とは判断しません．次に以下の問題を考えます．

問題 7.2 （保険料の値上げ）

X さんは遺伝的特徴 A をもち，かつ肺がんは罹患していませんが，遺伝的特徴 A をもつことを自分が加入している民間の医療保険会社に伝えていたとしましょう．その医療保険会社はこの論文の結果を受け，遺伝的特徴 A をもつ被保険者の保険料を値上げしました．このような保険料の値上げは，X さんのプライバシーを侵害したといえるでしょうか？

X さんは疫学者に「私は遺伝的特徴 A をもつ」という情報を提供しました．医療保険会社は論文から「遺伝的特徴 A の有無と肺がんの発症は有意に関係する」という情報を得て，この遺伝的特徴をもつ者の医療保険料を値上げしたとします．X さんの立場からすれば，自身がデータを提供した論文によって保険料が値上がりしたわけですから，直接的な不利益を被ったといえるでしょう．しかし，それでもやはり，プライバシー侵害が起こったとは考えません．そのような値上がりは，X さんが疫学者に自分の情報を提供しようとしなかろうと，（ほとんど同じ確率で）起こったはずだからです*2.

プライバシーが侵害されたかどうかは主観的な側面も含み，判断の難しい問題ですが，ここでは両者ともにプライバシーの侵害は起こっていないものと考えられます.

7.2.3 事例 2: 統計量公開がプライバシーの侵害を起こしている例

ヒトは数十万にものぼる個人ごとに異なる遺伝的特徴 (SNP) をもっています．ゲノムワイド関連解析 (genome-wide association study，GWAS) では，これらの遺伝的特徴と形質（疾患や体質など）の関連を網羅的に調査します．GWAS の結果として数十万個の SNP それぞれについて，表 7.1 で示したような分割表が統計データとして得られます．International HapMap プロジェクト*3 では，かつて GWAS で収集された SNP の頻度分布を一般に公開していました.

Homer らは，攻撃者が標的となる個人の SNP を知っている場合，この頻度分布を用いることで，標的となる個人が GWAS のために集められたサンプルに含まれるかどうかを統計的に推測可能であることを示しました [15]. 具体的には，個人の 10,000 程度の独立な SNP について，対応する頻度分布が公開されているならば，その個人が GWAS サンプルに含まれるかどうかを統計的検定によって決定できる（メンバシップの推定）と報告しました（図 **7.2**）．このとき以下の問題を考えます.

問題 7.3　（分割表からの罹患の有無の推定）

X さんは GWAS のために，自身の数十万個の SNP と，ある疾患を罹患しているという情報を研究者に提供しました．研究者は，この数十万個の SNP について，分割表を公開しました.

X さんの SNP 情報をもつ別の研究者は，公開された分割表を用いた統

---

*2　倫理的な観点からは，遺伝的特徴によって保険料を変化させてよいかどうかは慎重な議論が必要な問題です．米国には健康保険や雇用において，遺伝情報に基づく差別的な扱いを禁止する遺伝情報差別法があります．ここでは，プライバシー保護の問題と差別の問題は別の問題であると考えています．プライバシーの侵害は起こっていなくても，差別的扱いが見られることはありえます.

*3　http://hapmap.ncbi.nlm.nih.gov/index.html.ja

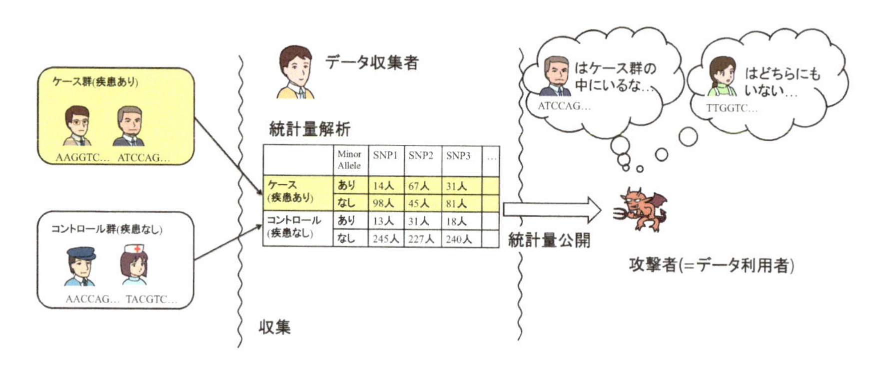

	Minor Allele	SNP1	SNP2	SNP3	…
ケース(疾患あり)	あり	14人	67人	31人	
	なし	98人	45人	81人	
コントロール(疾患なし)	あり	13人	31人	18人	
	なし	245人	227人	240人	

図 7.2　個人の遺伝情報と公開された対立遺伝子頻度分布からのメンバシップの推定.

計的検定によってXさんがその疾患を罹患しているか否かを推定することができました. このような分割表公開はプライバシー侵害といえるでしょうか?

疫学における問題7.1では, あくまで母集団の統計的特徴が公開されたのであって, その個人が調査に参加しようがしまいが同様の結論が導き出されたはずです. また, その統計的特徴がたまたまある個人の個別の情報と適合しただけですから, プライバシー侵害があったとはいえません.

一方問題7.3では, 標的となる個人(以下, 標的)がこのGWASに参加していなければ推測されなかったはずの個別の情報(標的がケース群に含まれるか否か)が, 統計量の公開によって推測されています. また標的がGWASに参加していなければ, たとえ攻撃者が標的の遺伝的特徴を保持していたとしても, 標的の疾患の状態は推定されなかったはずです*4. よって事例2は, 統計量の公開に伴うプライバシー侵害を引き起こしたと判断されるでしょう.

ここで攻撃者が標的のSNPを知っているときに「肺がんを罹患するリスクを推測する」ということと「ケース群に属するか否かを推測する」ことは区別する必要があることに注意してください. 前者では, 標的がケース群に属しているか否かにかかわらず, リスクが高いと評価されることがありえま

*4　ここでは, 標的とまったく同じSNPをもつ別の個人は存在しないと仮定しています. 実際に, 10,000 SNPにおいて同一のSNPをもつ個人が存在する確率は天文学的に小さいといえるでしょう.

す．「肺がんを罹患するリスクの推測」は，単に標的の将来における肺がんの罹患しやすさを予測しているにすぎません．一方で，後者は「ケース群に属する=過去に肺がんを罹患した」という標的に関する事実にかかわるものです．前者は個人に関する予測的なプロファイリング，後者は過去の事実の推測という違いがあり，今のところ，前者はプライバシー侵害と考えられていませんが，後者はプライバシー侵害と考えられています．

この事例では公開された情報が「ある条件に当てはまる人の数」というある種の統計量であったにもかかわらず，個人の属性値が推測されることが示されました．Homer らの報告を受け，アメリカ国立衛生研究所は一般公開情報としていた GWAS に関連する分割表の公開を取りやめ，承認を得た者にのみ提供することを決定しました[36]．

7.3 完全秘匿性に基づく安全性の議論

統計データベースによる統計量公開に対する安全性は，どのように定義できるでしょうか? 理想的には，公開された統計解析の結果から，データを提供したどの個別の人物に関する情報も何一つ得ることができないことが保証されるのならば，統計量公開はデータを提供した人物のプライバシーを侵害していないといってよいでしょう．言い換えれば，統計量の公開に対する理想的な安全性とは，データ利用者はその集団全体の統計的特徴については知ることができますが，その集団に属する個別の人物については何も知ることができない，という要件を同時に達成するということになるでしょう．

6 章で導入した識別不可能性の観点から，統計データベースによる統計量公開に対する安全性を検討します．まず記法を導入します．各レコード $x \in X$ は 1 人の人物に関する情報を含むデータです．ここで，X はレコードの定義域です．統計データベース D はレコードの集合 $D = \{x_i\}_{i=1}^n$ です．

クエリは，データベース $D \in \mathcal{D}$ を入力にとり，出力 $y \in Y$ を与える関数 $q : \mathcal{D} \to Y$ として定義されます．ここで $\mathcal{D}$ は取りうるデータベースの集合です．たとえばクエリが数値属性の平均値を求める関数ならば，X および Y は $\mathbb{R}$ であり，クエリ q は全レコードについてその数値属性の平均値を求める関数として定義されます．

完全秘匿性を参考に，統計データベースへのアクセスにおける安全性を考察します．入力 $x \in \{0,1\}^n$ に対し，ランダムに生成した入力と同じサイズの秘密鍵 $\mathsf{k} \in \{0,1\}^n$ を用いて，入力を以下のようにランダム化する秘密鍵暗号化法をワンタイムパッドというのでした．

ワンタイムパッドは，完全秘匿性を満たします．具体的には，鍵生成を $\mathsf{k} \leftarrow \mathsf{Gen}(1^n)$，上記の暗号化を $y \leftarrow \mathsf{Enc}(x, \mathsf{k})$ とすると，

$$\forall x, x' \in \{0,1\}^n, \forall S \subseteq \{0,1\}^n,$$
$$\Pr_{y \leftarrow \mathsf{Enc}(x,\mathsf{k}), \mathsf{k} \leftarrow \mathsf{Gen}(1^n)}(y \in S) = \Pr_{y \leftarrow \mathsf{Enc}(x',\mathsf{k}), \mathsf{k} \leftarrow \mathsf{Gen}(1^n)}(y \in S) \quad (7.2)$$

を満たします．ここで，確率は鍵生成アルゴリズムのランダムネスに対する確率です．

同様にすれば，統計データベースに対するクエリ応答の完全秘匿性は，以下のように定義されます．

$$\forall D, D' \in \mathcal{D}, \forall S \subseteq Y,$$
$$\Pr_{z \leftarrow m(y), y \leftarrow q(D)}(z \in S) = \Pr_{z \leftarrow m(y'), y' \leftarrow q(D')}(z \in S) \quad (7.3)$$

統計的クエリは決定的アルゴリズムですから，その出力をそのまま公開しても完全秘匿性は達成できません．そこで完全秘匿性を達成するために，統計的クエリの出力 y を入力にとり，何らかの応答値 z を返す確率的アルゴリズム m が統計的クエリの代わりに応答するとします．$m : Y \rightarrow Y$ は確率的アルゴリズムであることを仮定し，式 (7.3) の確率は確率的アルゴリズム m の

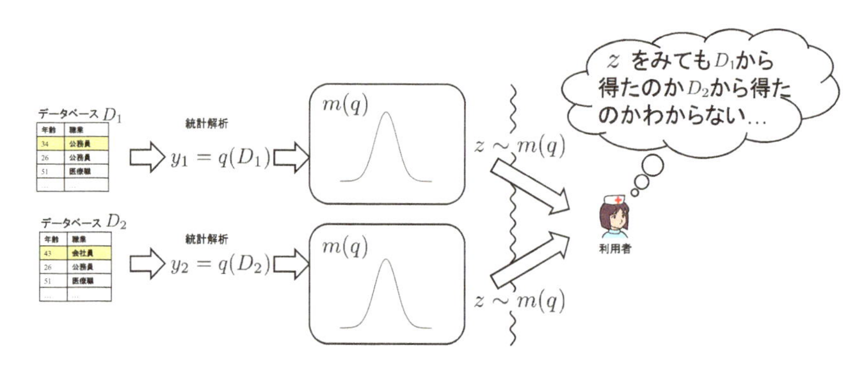

図 7.3　統計データベースアクセスにおける完全秘匿性．

ランダムネスに対する確率になります．

式 (7.3) によれば，応答が完全秘匿性を達成するためには，応答値は手持ちのデータに依存してはならないことがわかります．具体的には，確率アルゴリズム m が完全秘匿性を達成するとき，m はデータベースのデータとは無関係に，常にある一定の確率分布に従う乱数を返すアルゴリズムであることがわかります（図 **7.3**）．出力の値に入力のデータが一切関係していないのですから，秘匿性は完全ですが，このような仕組みは統計解析としてまったく意味がありません．

7.4　完全秘匿の不可能性

ワンタイムパッドでは完全秘匿性を達成しつつ，正しいメッセージを通信することができるのに，統計データベースの応答では完全秘匿性を達成しようとすると，まったく意味のない情報を公開することしかできないのはなぜでしょうか？

ワンタイムパッドでは送信者と受信者はあらかじめ秘密鍵を共有した上で，メッセージの送受信を行うことを想定しています．秘密鍵をもたない攻撃者にとっては暗号文からメッセージに関する情報を何ら引き出すことができません（完全秘匿性）が，秘密鍵をもつ者にとってはメッセージを正しく復号できます（図 **7.4**）．この鍵の有無が，完全秘匿性の達成と，復号結果の正しさの両立を実現しています．

一方，統計データベースの問題では，攻撃者とそうでない者が明確に区別できません．統計データベースから出力された情報を受け取る者はすべて利用者であり，かつ攻撃者としても働き，攻撃者とデータ利用者の区別があり

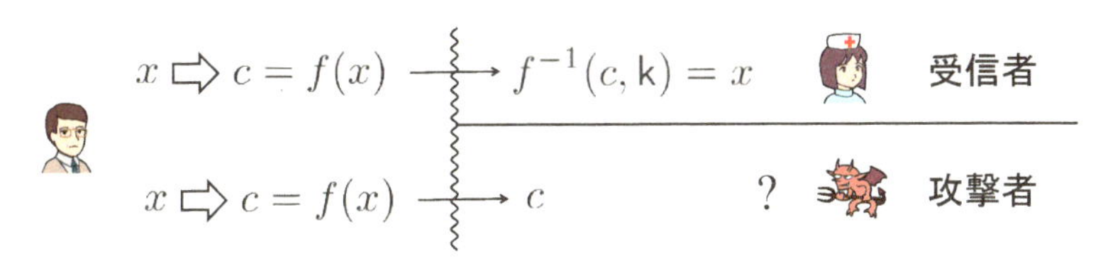

図 7.4　秘密鍵による受信者と攻撃者の区別．秘密鍵暗号では，平文にアクセスできる利用者とできない攻撃者を秘密鍵の有無で区別しています．

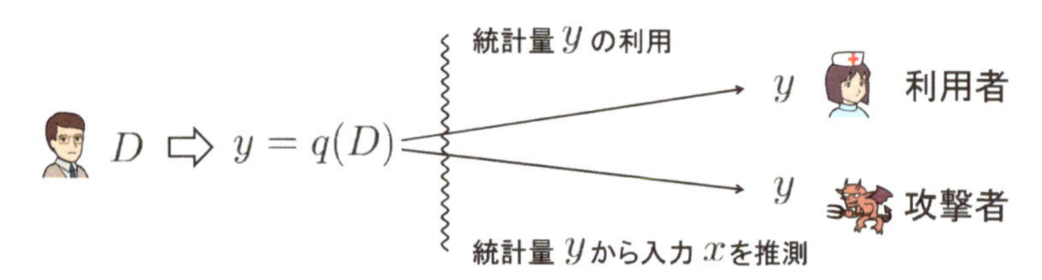

図 7.5 統計量公開の問題では，統計量はデータ利用者と攻撃者の両方に公開され，データ利用者と攻撃者の区別がありません．

ません（**図 7.5**）．このことは通信における秘密保護と統計量公開におけるプライバシーの保護が本質的に異なる問題であることを示しています．

データ利用者には D に関係する統計情報を伝えつつ，個別の人物の情報について完全秘匿性を達成することは不可能であることが証明されています [7]．直感的には，データ利用者が D について何らかの背景知識をもっている場合には，D がどのような応答を返すとしても，その応答を受け取らなかったデータ利用者に比べ，より高い確率で D に関する何らかの情報を推測できることができるためです．

これは悲観的な結果に見えますが，考えてみれば当たり前のことを述べているにすぎません．クエリ応答値から一切意味のあることを推測させないためには，入力にかかわらず特定の値を応答するか，入力にかかわらず特定の分布に従うランダムな値を応答する以外に方法がありません．データ利用者がデータベースアクセスを通じて何かしら意味のある情報を取得しているならば，個別のレコードについても（たとえわずかであれ），何らかの情報を推測させる手がかりを渡しているということにほかならないのです．

7.5 「弱い秘匿性」の実現

D が利用者に意味のある結果を応答しつつ，個別のレコードの値を推測させないようにするには，完全秘匿性よりも「**弱い秘匿性**」を導入する必要があります．

完全秘匿性では，どのような入力が与えられようとも，一定の分布に従う乱数値を応答する必要がありました．完全秘匿性は式 (7.3) を変形すると

$\Pr(m(q,D') \in S) \neq 0$ であるような D' について

$$\forall D, D' \in \mathcal{D}, \forall S \subseteq Y, \frac{\Pr(m(q,D) \in S)}{\Pr(m(q,D') \in S)} = 1 \tag{7.4}$$

と書くことができます．ここで，$\Pr_{z \leftarrow m(y), y \leftarrow q(D)}(z \in S)$ を簡単のため $\Pr(m(q,D) \in S)$ と書きました．応答値は元のデータベースを一切反映していないため，元のデータベースについて何の推測もできません．

7.5.1 まったく秘匿性がないケース

次にまったく秘匿性がない場合を考察します．クエリにまったく秘匿性がないとは，応答値 y から入力 D が確率 1 で推測できる場合があることにほかなりません．つまり，応答値 y について，$\Pr(y = m(q,D)) = 1$ となる場合があります．もしクエリが単射であり，異なるデータベースが必ず異なる出力を与える場合，応答値と元のデータベースは一対一で対応づけられるため，$\Pr(y = m(q,D)) = 1$ のとき，$\Pr(y = m(q,D')) = 0$ となる D' が存在します．このとき，あるデータベースの組 D，D' および $y = m(q,D)$ となる y について

$$\frac{\Pr(y = m(q,D))}{\Pr(y = m(q,D'))} = \infty \tag{7.5}$$

となります．ここでは簡単のため q が単射であることを仮定しましたが，実際には異なるデータベースから同じクエリ応答が出力されることは十分ありえます．たとえば $D = \{1,2,3\}$，$D' = \{2,2,2\}$，q は平均を評価する関数とした場合，どちらのデータベースからも出力される平均値は 2 です．このとき $\frac{\Pr(y=m(q,D))}{\Pr(y=m(q,D'))}$ は発散しません．しかし，これはある特定のデータベースの組について偶然にある種の秘匿性が成り立ったにすぎず，平均値を応答するクエリが常に安全であるとはいえません．あるクエリについて，データベースに依存せず，その応答について秘匿性を保証するには，すべてのデータベースの組およびすべての出力値について，何らかの秘匿性を保証する必要があります．

7.5.2 「弱い秘匿性」があるケース

式 (7.4) の「完全秘匿性」と「まったく秘匿性を考慮しない場合」の中間

的な「弱い秘匿性」の実現について考察します.「弱い秘匿性」は，あるクエリ q についてどのような応答値の集合 S および，どのようなデータベースの組 D, D' についても，S に含まれる応答値を D から受け取る確率と，S に含まれる応答値を D' から受け取る確率の比が 1 より大きい有限の値をとる状態として定義できます.

$$\forall D, D' \in \mathcal{D}, \forall S \subseteq Y, \frac{\Pr(m(D,q) \in S)}{\Pr(m(D',q) \in S)} \leq c. \tag{7.6}$$

ここで，c は 1 より大きいある有限の定数です.

データ収集者の視点から見れば，クエリの応答値に「弱い秘匿性」を実現するために，このような応答を実現する関数 m を適用し，クエリ応答値をある程度加工した上でデータ利用者に応答値を公開することになります.

7.5.3 「弱い秘匿性」は確率アルゴリズムによって実現される

D で評価された統計クエリの値を受け取り，その値に修正を加え，秘匿性の実現を目的として応答値に修正を加える関数を**プライバシーメカニズム**，あるいは単に**メカニズム**と呼びます.メカニズムは個別のクエリ $q \in Q$ に応じて設計されることを考慮し，$m : \mathcal{D} \times Q \to Y$ と定義されます.

式 (7.6) では，どのようなデータベースの組 D, D' についても，ある値を出力する確率の比が有限値で抑えられることを要求しています．あるデータベースを入力としたときに，ある値を出力する確率が 0 である場合には確率比は発散します． そうならないためには，すべての $D' \in \mathcal{D}$ および $\Pr(y = m(q,D)) = 0$ となるような y を除くすべての $y \in Y$ において，$\Pr(y = m(q,D')) \neq 0$ であることが必要です．このことから,「弱い秘匿性」を保証するメカニズムは確率アルゴリズムでなければ実現できないことがわかります．8 章で詳しく紹介しますが，多くの場合メカニズムはクエリ出力に乱数によるノイズを加えることによって秘匿性を実現します.

7.5.4 「弱い秘匿性」と有用性

弱い秘匿性を達成するという制約の下で，有用性の観点からはメカニズムの応答値は真の応答値になるべく近い必要があります．応答値が有用な値であるためには，似た 2 つのデータベースを与えたときの応答値は，似た値を高い確率で出力するべきであると考えることは自然でしょう．これを実現するには，2つのデータベース間の「距離」を $d(D, D')$ で与えたとき，D からの出力が S に含まれる確率と，D' からの出力が S に含まれる確率の比は，$d(D, D')$ が小さい（D と D' が似ているほど）ほど高く，$d(D, D')$ が大きい（D と D' が異なる）ほど低くすればよいことがわかります．

この点を考慮した「弱い秘匿性」のモデルは以下のように与えられます．

$$\forall D, D' \in \mathcal{D}, \forall S \subseteq Y, \frac{\Pr(m(D, q) \in S)}{\Pr(m(D', q) \in S)} \leq \exp\left(\epsilon d(D, D')\right). \tag{7.7}$$

ここで，ϵ は0に近い正のパラメータです．

7.6 ϵ-差分プライバシー

差分プライバシーは，この弱い秘匿性を満たすプライバシー定義の1つとして，Dwork らに2006年に提案され[8]，近年盛んに研究されています．

2つの同じサイズのデータベース $D, D' \in \mathcal{D}$ において，同一でないレコードの数を $d(D, D')$ で表すことにします．$d(D, D') = 0$ ならば，D と D' はまったく同じデータベースです．$d(D, D') = 1$ ならば，1つのレコードを除いて，残りのレコードがまったく同じデータベースということです．レコードが同一である（あるいは同一でない）ということをきちんと議論するためには，さらなる定義が必要になりますが，より詳しくは7.8節で議論することにして，ここでは，単純に「同じ値をもつレコードか否か」と定義されているものとします．このとき，メカニズム m の差分プライバシーは以下のように定義されます．

定義 7.1（ϵ-差分プライバシー）

クエリ $q \in Q$ において，$d(D, D') = 1$ なる任意のデータベースの組 $D, D' \in \mathcal{D}$，および任意の出力の部分集合 $S \subseteq Y$ について，

$$\frac{\Pr(m(q, D) \in S)}{\Pr(m(q, D') \in S)} \leq \exp(\epsilon) \tag{7.8}$$

ならば，メカニズム m は **ϵ-差分プライバシー**を満たします．ここで $\epsilon > 0$ です．

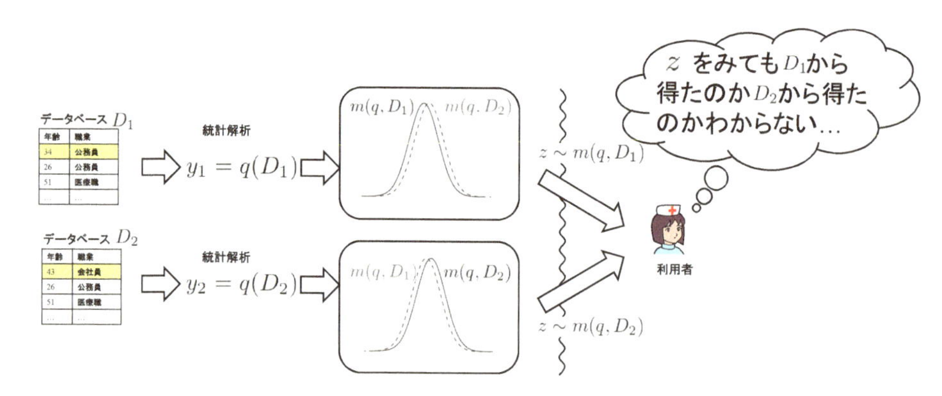

図 7.6 差分プライバシーを保証したメカニズムによる出力.

直感的には，差分プライバシーを満たすメカニズムとは，データベースにおいてどの 1 人のデータが変更されようと，メカニズムを通じたクエリ出力の分布を大きく変えません．**図 7.6** は，$d(D, D') = 1$ となるような 2 つの隣接するデータベースにおいて，差分プライバシーを保証したメカニズムを通じて統計解析の結果を公開した例を表しています．D と D' では，1 人分のレコードを除いて，残りはすべて同じ値をもちます．メカニズムが差分プライバシーを保証しているとき，D に基づくメカニズムが出力する値の分布と，D' に基づくメカニズムが出力する値の分布から，どの値が出力される確率も大きく変わらないことを示しています．このとき，メカニズムから出力値を受け取った利用者は，その出力値が D と D' どちらのデータベースから生成されたのか高い確信度で推測することができません．

7.6.1 差分プライバシーは「弱い秘匿性」を保証する

差分プライバシーが先ほど導入した弱い秘匿性を満たすことを確認します．$D_0, D_c \in \mathcal{D}$ について，$d(D_0, D_c) = c$ であるとしましょう．このとき，$d(D_0, D_1) = 1, d(D_1, D_2) = 1, \ldots, d(D_{c-1}, D_c) = 1$ となるような，データベースの系列 $D_1, D_2, \ldots, D_{c-1}$ が存在します．もし m が ϵ-差分プライバシーを保証するならば，$i = 0, 1, \ldots, c-1$ について以下が成り立ちます．

$$\frac{\Pr(m(q, D_i) \in S)}{\Pr(m(q, D_{i+1}) \in S)} \le \exp(\epsilon) \tag{7.9}$$

両辺が正であることに注意して，式 (7.9) を，$i = 0, 1, \ldots, c-1$ について掛け合わせれば

$$\frac{\Pr(m(q, D_0) \in S)}{\Pr(m(q, D_c) \in S)} \leq \exp(\epsilon c) = \exp(\epsilon \cdot d(D_0, D_c)) \tag{7.10}$$

を得ます．任意の c および D_0, D_c について，それぞれ距離が 1 であるようなデータベースの系列 $D_1, D_2, \ldots, D_{c-1}$ は常に存在し，また上記は任意の $S \subseteq Y$ について成り立ちますから，差分プライバシーは先ほど導入した弱い秘匿性を満たすことがわかります．

7.7 (ϵ, δ)-差分プライバシー

(ϵ, δ)-差分プライバシーは，ϵ-差分プライバシーの拡張として以下のように定義されます．

定義 7.2 （(ϵ, δ)-差分プライバシー）

クエリ $q \in Q$ において，$d(D, D') = 1$ なる任意のデータベースの組 $D, D' \in \mathcal{D}$，および任意の出力の部分集合 $S \subseteq Y$ について，

$$\Pr(m(q, D) \in S) \leq \exp(\epsilon)\Pr(m(q, D') \in S) + \delta \tag{7.11}$$

ならば，メカニズム m は (ϵ, δ)-**差分プライバシー**を満たします．ここで $\epsilon > 0, \delta \geq 0$ です．

$\delta = 0$ の場合，(ϵ, δ)-差分プライバシーは ϵ-差分プライバシーと等価です．$\delta > 0$ において，(ϵ, δ)-差分プライバシーは ϵ-差分プライバシーの緩和になっています．

直感的には，より小さい δ は，出力が差分プライバシーであることをより高い信頼度をもって保証しているといえます．一方より小さい ϵ は，プライバシーがより強く守られることを保証しているといえます．

7.8 ϵの解釈と隣接性の定義

差分プライバシーにおけるデータベースの隣接性 $d(\cdot,\cdot)$ は抽象的に定義されているため，具体的な隣接性の定義は，データベースが保持するレコードの種類に応じて個別に定義する必要があります．本節の後半で説明しますが，この隣接性の定義は ϵ とともに差分プライバシーが保証する「プライバシーの単位」に関係しています．

例として，ソーシャルネットワークサービス (SNS) におけるユーザー同士の関係のプライバシーを考えます．ユーザー同士のつながりを，グラフ $G=(V,E)$ で表すことにします．頂点集合 V の各頂点はユーザーを，枝集合 E の各枝はユーザー同士の友達関係を表します．このグラフは接続行列 A によって表されます．A の ij 要素 a_{ij} は以下の式で定義されます．

$$a_{ij}=\begin{cases}1 \text{ if ユーザー } i \text{ とユーザー } j \text{ は友達関係}\\ 0 \text{ otherwise}\end{cases} \tag{7.12}$$

このようなグラフそのものをデータベースとして捉え，利用者からこのグラフに関する統計情報のクエリを受け付け，差分プライバシーを保証しつつ統計情報を公開することを考えましょう．グラフをデータベースとしたときのクエリとして，たとえば「グラフ内に存在する，500 人以上友達をもつユーザーの数」を考えます．このようなクエリについて，差分プライバシーを保証する場合には，メカニズム m は以下の式を満たす必要があります．

$$\forall G\sim G',\forall k,\ \frac{\Pr(m\ (G\text{ 内で，500 人以上友達をもつユーザーの数})=k)}{\Pr(m\ (G'\text{ 内で，500 人以上友達をもつユーザーの数})=k)}\le e^{\epsilon}$$

ここで $G\sim G'$ は G と G' は隣接していることを表します．

このようなクエリに差分プライバシーを保証するためのメカニズムの実現については 8 章で議論することにして，ここではデータベースの隣接性に注目します．2 つの異なるグラフの隣接性はどのように定義するべきでしょうか?

1 つの考え方は，「ある頂点がグラフに存在するか否か」によって隣接性を

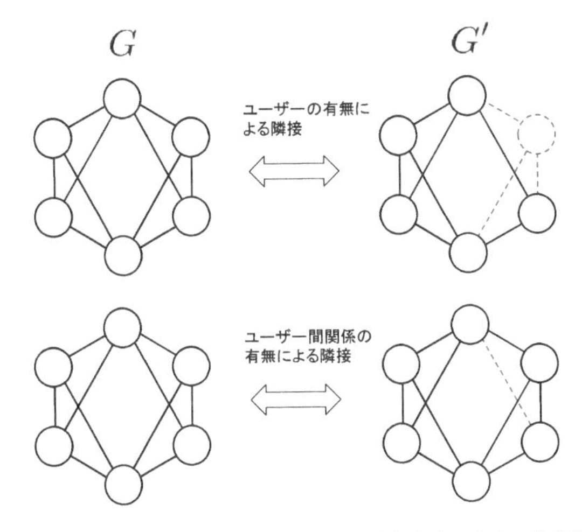

図 7.7 グラフ構造において差分プライバシーを保証するための隣接性定義.

定義する方法です（図 **7.7**(上)）．この隣接性定義では，**あるユーザーが SNS に参加していようがいまいが**，「G 内で，500 人以上友達をもつユーザーの数が k 人である」という情報を受け取る確率は，高々 $e^{\epsilon} \simeq 1+\epsilon$ 倍程度しか変わらないことをメカニズムが保証する必要があります（図 7.7(上)）．このようなプライバシー保護は，ユーザーにとって，その SNS に参加しているかどうかを公にされたくない場合に有効な措置です．たとえば，疾患についての情報を交換する患者専用の SNS では，その SNS のユーザーであるということそのものが，何らかの疾患にかかっておりその SNS で情報交換をしているという事実を示唆しますので，センシティブな情報です．このような SNS において，特定の疾患ごとに「500 人以上友達をもつユーザーの数」を公開する場合には，このような隣接性定義において差分プライバシーを保証する意味があるでしょう．

もう 1 つの考え方は，「ある枝がグラフに存在するか否か」を隣接性として定義する方法です（図 7.7(下)）．この隣接性定義では，**あるユーザーが SNS の 1 人の別ユーザーと友達であろうがなかろうが**，「G 内に，500 人以上友達をもつユーザーの数が k 人である」という情報を受け取る確率は，高々 $e^{\epsilon} \simeq 1+\epsilon$ 倍程度しか変わらないことをメカニズムが保証する必要があることになります（図 7.7(下)）．このようなプライバシー保護は，ユーザーにとって，SNS において秘密にしたい友達関係があるような場合に有効な措置です．

このように，隣接性は参加者が公にしたくないと考えている情報の粒度を定義しています．また，ϵ は，その粒度の情報がデータベースに含まれる場合と含まれない場合に許容されるクエリ応答値の変化の敏感度を定量化しているといえます．

7.9 δ の解釈

(ϵ, δ)-差分プライバシーを定義する不等式は，ϵ-差分プライバシーを定義する不等式よりも上界が δ 分緩いので，より弱いプライバシーを実現しています．この δ はプライバシーの観点からは何がどれだけ弱められているのでしょうか?

(ϵ, δ)-差分プライバシーを満たすメカニズムは，確率 $1 - O(\delta)$ で $O(\epsilon)$-差分プライバシーを満たすことがわかっています．より具体的には，以下の定理が成り立ちます．

定理 7.3 （(ϵ, δ)-差分プライバシーの確率バウンド）

メカニズム m はクエリ q について (ϵ, δ)-差分プライバシーを満たすとします．このとき，少なくとも確率 $1 - \delta'$ で以下が成り立ちます．

$$e^{-\epsilon'}\Pr(m(q, D') = y) \leq \Pr(m(q, D) = y) \leq e^{\epsilon'}\Pr(m(q, D') = y).$$

ここで，$\epsilon' = 2\epsilon$，$\delta' = \frac{2\delta}{e^{\epsilon}\epsilon}$ です．

この定理は，(ϵ, δ)-差分プライバシーの保証が，(2ϵ)-差分プライバシー*5 が確率 $1 - \frac{2\delta}{e^{\epsilon}\epsilon}$ で成り立つことと等価であることを表しています．

この事実を確認してみましょう．Z を，以下を満たすようなメカニズムの応答値の集合 $Z = \{y | \Pr(m(q, D) = y) \geq e^{2\epsilon}\Pr(m(q, D') = y)\}$ とします．この Z について，

*5 定理 7.3 で保証されるプライバシーは厳密には point-wise 差分プライバシーと呼ばれる概念です．

$$\Pr(m(q,D) \in Z) \geq e^{2\epsilon}\Pr(m(q,D') \in Z) \geq e^{\epsilon}(1+\epsilon)\Pr(m(q,D') \in Z) \tag{7.13}$$

が成り立ちます．1つ目の不等式は Z の性質を，2つ目の不等式は $e^{\epsilon} > 1+\epsilon$ を使いました．これを整理すると，以下を得ます．

$$e^{\epsilon}\epsilon\Pr(m(q,D') \in Z) \leq \Pr(m(q,D) \in Z) - e^{\epsilon}\Pr(m(q,D') \in Z) \leq \delta \tag{7.14}$$

δ によるバウンドは，m が (ϵ,δ) 差分プライバシーであるためです．よって

$$\Pr(m(q,D') \in Z) < \frac{\delta}{\epsilon e^{\epsilon}}. \tag{7.15}$$

同様にして，$Z' = \{y|\Pr(m(q,D) = y) < e^{-2\epsilon}\Pr(m(q,D') = y)\}$ とすると，

$$\Pr(m(q,D') \in Z') < \frac{\delta}{\epsilon e^{\epsilon}}. \tag{7.16}$$

これより $\Pr(m(q,D') \in Z \cup Z') < \frac{2\delta}{\epsilon e^{\epsilon}}$ を得ます．このことは，

$$e^{-2\epsilon}\Pr(m(q,D') = y) \leq \Pr(m(q,D) = y) \leq e^{2\epsilon}\Pr(m(q,D') = y) \tag{7.17}$$

が少なくとも確率 $1 - \frac{2\delta}{\epsilon e^{\epsilon}}$ で成立することを表しています．よって，δ は，どの程度の確率で 2ϵ-差分プライバシーが満たされないことを許容するかを決定していると解釈できます．

確率 $O(\delta)$ で発生する 2ϵ-差分プライバシーを満たさないような応答は，より珍しい値をもつレコードに関する情報を漏らしていると考えられます．このことから，$\delta < 1/\mathsf{poly}(n)$ が推奨されます．

7.10 差分プライバシーにおける攻撃者モデル

差分プライバシーが保証する秘匿性は完全秘匿性よりも弱い秘匿性であることはすでに述べました．それでは差分プライバシーはどのような攻撃者に対しどのような秘匿性を保証しているのでしょうか?

攻撃者モデルは攻撃者の計算能力，背景知識，および攻撃アルゴリズムによって定義されます．本章では，差分プライバシーと攻撃者の関係について，以下のことを示します．

- 攻撃者は無制限の計算能力をもつことを仮定します．

- 攻撃者はデータベースについて任意の**事前分布**を背景知識としてもつことを仮定します．
- 攻撃者はベイズ推定によって入力のデータベースの事後分布を求める攻撃を仕掛けることを仮定します．
- このとき，差分プライバシーは，このような攻撃者が攻撃の結果得た事後分布に対して，事前分布と事後分布の差に上限を与えます（詳しくは 7.10.5 節を参照）．

7.10.1 差分プライバシーにおける攻撃者の背景知識

データ提供者から直接与えられた情報（この場合はデータベースのクエリ応答値）とは別に，攻撃者があらかじめ保持している情報 のことを**背景知識**と呼びます．攻撃者はクエリ応答値以外にも，さまざまな背景知識を用いて秘密情報を推測します．統計量の公開の問題では，統計量は一般公開されることを想定しますから，攻撃者がどのような立場の者で，どのような背景知識をもつかを想定することが困難です．たとえば攻撃者が標的の家族であった場合には，標的について詳細な情報を事前知識として得ることが可能です．また攻撃者が検索サービスの提供者であった場合には，標的の検索履歴や Web 閲覧履歴を通じて標的の興味について詳細な事前知識として得ることが可能です．このように，攻撃者の立場によって攻撃者がもつ事前分布は大きく異なり，これを事前に想定することは困難です．

そこで差分プライバシーにおける秘匿性の保証では，攻撃者は任意の事前分布を背景知識としてもちうることを仮定します．たとえば，入力のデータベースを n bit の列とします．攻撃者はそのうち $n-1$ bit はすでに背景知識として知っており，確信がない最後の 1 bit について，クエリ応答値から推定するような場合も含みます． このように背景知識として任意の事前分布を仮定するということは，攻撃者にとって非常に有利な仮定であり，安全性の定義としては強力なものです．

7.10.2 差分プライバシーにおける攻撃者の攻撃アルゴリズム

もう一度問題設定を振り返りましょう．データベースは個人の情報を表す

レコードの集合 $D = \{x_1, \ldots, x_n\}$ を保持しています．利用者はデータベースにクエリ q を発行し，データベースは応答 $q(D)$ の代わりに，メカニズムの出力 $y = m(q, D)$ を利用者に応答します．利用者は，メカニズムの出力 y をもとに，入力のデータベースに関する情報を推測します．これを，攻撃と呼ぶことにします．

攻撃者の背景知識を，データベースの定義域 $\mathcal{D}$ 上の分布 $b(D)$ で表します．この分布は，ベイズ推定の枠組みでは事前分布と呼ばれます．攻撃はベイズの定理を用いた事後分布の計算として定式化できます．事前分布 $b(D)$ をもつ攻撃者が，メカニズムの出力 $y = m(q, D)$ を得たとき，ベイズの定理により攻撃者はデータベースに対する事後分布を以下のように得ます．

$$b(D|y) = \frac{\Pr(m(q, D) = y)b(D)}{\sum_{Z \in \mathcal{D}} \Pr(m(q, Z) = y)b(Z)} \tag{7.18}$$

事後分布の計算は分母の和の評価に指数時間の計算を含みますが，攻撃者の計算能力は多項式時間に制約されないため，これを評価可能であると想定してよいことに注意してください．

7.10.3 事後分布の差による攻撃の評価

真のデータベース D の i 番目のレコードを別の任意のレコードに置き換えたデータベースを D_{-i} と書くことにします．攻撃者がいかなる背景知識をもっていようとも，攻撃者は応答値から個別のデータがデータベースに含まれているかどうかが判断できないということは，ベイズ推定の観点からは，事前分布 b をもつ攻撃者にとって，D からの応答値を用いて得る D の事後確率と，D_{-i} からの応答値を用いて得る D の事後確率の値とが「ほとんど変わらない状態」であるといえます．

攻撃者の立場から考えてみると，攻撃者が応答値を知った後の事後分布 b_i が i によって大きく変化するならば，i 番目の個人のデータは出力を通じて入力についての何らかの情報を漏らしているということになります．逆に攻撃者がどのような背景知識をもっていたとしても，メカニズムからの応答を用いて得た事後分布 b_i がどの i においても大きく変化しないのであれば，メカニズムを通じたやり取りは，どの個人のデータについても攻撃者の知識を大きく増やしていないといえるでしょう．

7.10.4 semantic privacy

2つの事後分布の隔たりを具体的に評価するために，ここでは以下に定義する **total variation** と呼ばれる確率分布の間の距離を用います．

定義 7.4（total variation）

確率変数の定義域を Ω とします．X と Y を確率変数とする2つの確率分布 d_X，d_Y を考えます．このとき，この確率分布の間の距離を表す **total variation** は以下のように定義されます．

$$d_{tv}(d_X, d_Y) = \max_{S \subseteq \Omega} \|\Pr(X \in S) - \Pr(Y \in S)\| \tag{7.19}$$

total variation は，Ω における確率の差の最大値によって，2つの分布の隔たりを評価しています．

total variation を用いて「事後分布が（ほとんど）変化しない」状態を表現します．事前分布 b をもつ攻撃者が，D_{-i} からの応答値を用いて得た事後分布は，式 (7.18) 同様に，以下のようになります．

$$b_i(D|y) = \frac{\Pr(m(q, D_{-i}) = y)b(D)}{\sum_{Z \in \mathcal{D}} \Pr(m(q, Z_{-i}) = y)b(Z)} \tag{7.20}$$

「事後分布の（ほとんど）変化しない」状態とは，$d_{tv}(b(D|y), b_i(D|y))$ が十分小さい状態といえます．

よって，メカニズムよる応答値が，任意の背景知識に対し安全であるとは，すべての i，すべてのメカニズム出力 $y \in Y$，および任意の事前分布 b について，$d_{tv}(b(D|y), b_i(D|y))$ が十分小さい状態であると表現できます．このような定義における秘匿性を **semantic privacy**[18] と呼びます．

semantic privacy の定義は total variation によって以下のように与えられます．

定義 7.5 (ϵ-semantic privacy)

$\mathcal{D}$ 上の任意の事前分布 $b(D)$，メカニズム m の任意の出力 $y \in Y$，および $i = 1, \ldots, n$ において，

$$d_{tv}(b(D|y), b_i(D|y)) \leq \epsilon \tag{7.21}$$

ならば，メカニズム m は，ϵ-**semantic privacy** を満たします．

7.10.5 semantic privacy と差分プライバシーは等価である

また semantic privacy と差分プライバシーの間には以下の関係があります．

定理 7.6 (ϵ-差分プライバシーと ϵ-semantic privacy の関係)

メカニズム m が $\epsilon/2$-差分プライバシーならば，任意の事前分布 b について，m は $\bar{\epsilon}$-**semantic privacy** です．ここで，$\bar{\epsilon} = e^{\epsilon} - 1$ です．また，$\epsilon \leq 0.45$ のとき，m が $\epsilon/2$-semantic privacy ならば，m は 3ϵ-差分プライバシーです [18]．

実際にメカニズム m が差分プライバシーを満たすならば，同時に semantic privacy を満たすことを確認してみましょう．m が $\epsilon/2$ 差分プライバシーを満たすということは，定義 7.1 より任意の $D \in \mathcal{D}$ および任意の出力 $y \in Y$ について

$$e^{-\epsilon/2}\mathrm{Pr}(m(q, D_{-i}) = y) \leq \mathrm{Pr}(m(q, D) = y) \leq e^{\epsilon/2}\mathrm{Pr}(m(q, D_{-i}) = y) \tag{7.22}$$

が成り立ちます．これを用いると，式 (7.18) および式 (7.20) の事後確率の比は e^{ϵ} で抑えられます．

$$\frac{b(D|y)}{b_i(D|y)} = \frac{\mathrm{Pr}(m(q,D)=y)}{\mathrm{Pr}(m(q,D_{-i})=y)} \frac{\sum_{Z \in \mathcal{D}} \mathrm{Pr}(m(q,Z_{-i})=y)b(Z)}{\sum_{Z \in \mathcal{D}} \mathrm{Pr}(m(q,Z)=y)b(Z)}$$

$$\leq \ e^{\epsilon/2} \cdot \frac{\sum_{Z\in\mathcal{D}} e^{\epsilon/2} \Pr(m(q,Z)=y)b(Z)}{\sum_{Z\in\mathcal{D}} \Pr(m(q,Z)=y)b(Z)} = e^{\epsilon}.$$

同様にして，$b_i(D|y)/b(D|y) \leq e^{\epsilon}$ も示せますので，任意の $D \in \mathcal{D}$ について以下が成り立ちます．

$$e^{-\epsilon} b_i(D|y) \leq b(D|y) \leq e^{\epsilon} b_i(D|y)$$

b を D を確率変数にとる確率分布と考えれば，任意の $S \subseteq \mathcal{D}$ において以下が成り立ちます．

$$e^{-\epsilon} b_i(D \in S|y) \leq b(D \in S|y) \leq e^{\epsilon} b_i(D \in S|y)$$

semantic privacy を示すために，$b(D \in S|y)$ と $b_i(D \in S|y)$ の total variation を評価します．このとき，以下が成り立ちます．

$$\begin{aligned}
& 2|b(D \in S|y) - b_i(D \in S|y)| \\
&= |b(D \in S|y) - b_i(D \in S|y)| + |b(D \notin S|y) - b_i(D \notin S|y)| \\
&= \left| \sum_{Z \in S} \big(b(D = Z|y) - b_i(D = Z|y)\big) \right| + \left| \sum_{Z \notin S} \big(b(D = Z|y) - b_i(D = Z|y)\big) \right| \\
&\leq \sum_{Z \in S} |b(D = Z|y) - b_i(D = Z|y)| + \sum_{Z \notin S} |b(D = Z|y) - b_i(D = Z|y)| \\
&= \sum_{Z \in \mathcal{D}} |b(D = Z|y) - b_i(D = Z|y)| \\
&\leq \sum_{Z \in \mathcal{D}} (e^{\epsilon} b_i(D = Z|y) - b_i(D = Z|y)) + \sum_{Z \in \mathcal{D}} (e^{\epsilon} b(D = Z|y) - b(D = Z|y)) \\
&= (e^{\epsilon} - 1) \sum_{Z \in \mathcal{D}} b_i(D = Z|y) + (e^{\epsilon} - 1) \sum_{Z \in \mathcal{D}} b(D = Z|y) \\
&= 2(e^{\epsilon} - 1)
\end{aligned}$$

これは，すべての i，任意の $S \subseteq \mathcal{D}$，および任意の $y \in Y$ において成り立ちますから，total variation は以下のように上から抑えることができます．

$$d_{tv}(b(D \in S|y),\ b_i(D \in S|y)) = \max_{S \subseteq \mathcal{D}} |b(D \in S|y) - b_i(D \in S|y)| \leq e^{\epsilon} - 1$$

よって，メカニズム m が式 (7.22) にあるように $\epsilon/2$-差分プライバシーを満たすならば，同時に $(e^{\epsilon} - 1)$-semantic privacy を満たすことが示されました．このことは，差分プライバシーがいかなる背景知識をもつ攻撃者に対しても入力に関する推測を制限している根拠になります．

max divergence による差分プライバシーの定義

差分プライバシーは，確率分布間の擬距離 **max divergence** から定義することもできます．2 つの確率変数 $x, y \in \Omega$ の間の max divergence は以下のように与えられます．

$$d_{max}(x \| y) = \max_{S \subseteq \Omega} \ln \frac{\Pr(x \in S)}{\Pr(y \in S)}$$

同様に，δ **近似 max divergence** は以下のように与えられます．

$$d_{max}^{\delta}(x \| y) = \max_{S \subseteq \Omega : \Pr(y \in S) \geq \delta} \ln \frac{\Pr(x \in S) - \delta}{\Pr(y \in S)}$$

$d(D, D') = 1$ となる D, D' について，メカニズム m が ϵ 差分プライバシーであることと，$d_{max}(m(q, D) \| m(q, D')) \leq \epsilon$ であることは等価です．また，メカニズム m が (ϵ, δ) 差分プライバシーであることと，$d_{max}^{\delta}(m(q, D) \| m(q, D')) \leq \epsilon$ であることは等価です．

Chapter 8

差分プライバシーのメカニズム

本章では，さまざまな統計量の公開において差分プライバシーを実現するためのいくつかの代表的な方法（メカニズム）を導入します．メカニズムの性能評価においては，差分プライバシーの保証を制約条件として，サンプル複雑性が重要であることを確認し，それぞれのメカニズムの秘匿性とサンプル複雑性を導きます．複雑な構造をもつ統計量の公開の例として，多重検定における差分プライバシーの保証について議論します．

8.1 確率アルゴリズムとしてのメカニズム

差分プライバシーを保証する値をデータ解析者に出力する関数をメカニズムと呼ぶのでした．7 章ではメカニズムに具体的なアルゴリズムを想定せずに，「差分プライバシーを保証するメカニズムが備えるべき性質」について議論してきました．本章では差分プライバシーを保証するメカニズムの具体的な実現方法を議論します．メカニズムはデータ収集者とデータ利用者の間に入り，データ収集者の代わりに出力値を応答するインターフェースのような役割を果たします（図 **8.1**）．

8.1.1 randomized response

7.3 節で議論したように，メカニズムが決定的アルゴリズムであるならば差

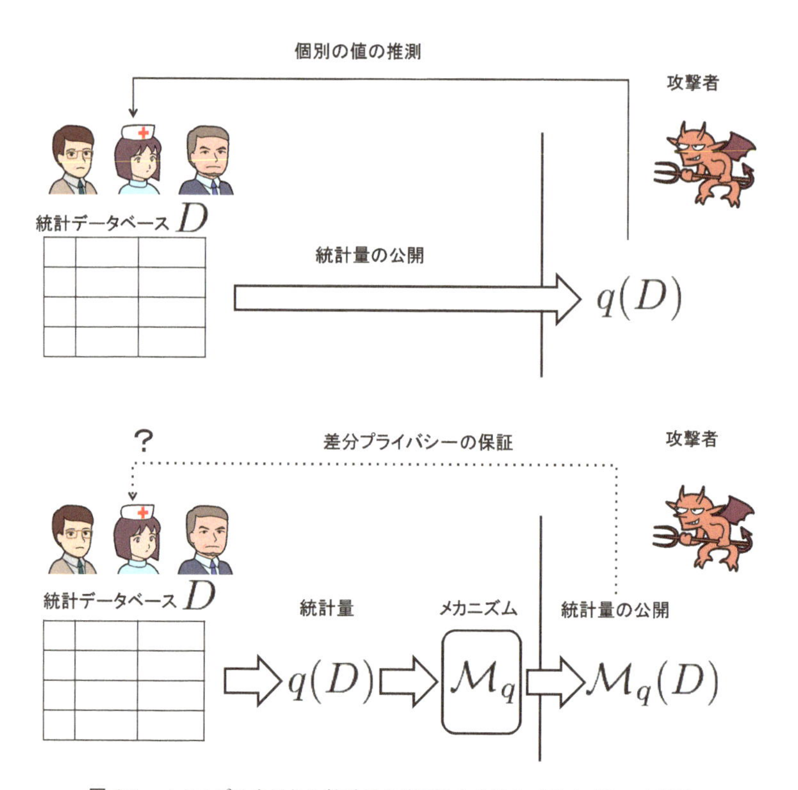

図 8.1 メカニズムを通じた統計量の公開による差分プライバシーの保証.

分プライバシーを保証することができません．出力を確率的アルゴリズムによって加工し，入力を１つに絞りこませない工夫が必要です．**randomized response** はこのような目的のために設計された古くから知られているアイディアです [33]．

randomized response とは，たとえば「あなたは過去に犯罪を犯したことがありますか?」など答えにくい質問について調査を行うときに，答えを正直に申告してもらう心理的抵抗感を低減するテクニックです．回答が true, false である場合の randomized response は以下の方法で実施します．

1. 質問対象者にコインを与え，コイン投げをしてもらいます．

2. コインが表ならば質問対象者は質問に true, false で正しく回答します. コインが裏ならば質問対象者はもう一度コインを投げ, 表ならば true, 裏ならば false と回答します.

質問対象者が true と答えた場合には,「本当に犯罪を犯した場合」と「コイン投げによって true と答えることを強制された場合」が混ざり合います. これによって「本当に犯罪を犯した」人物が true と答える心理的抵抗を減らします.

一方, サンプル数が多い場合には, 調査結果は以下の方法で推定することができます. もともとの質問に対する回答が true である確率を p とすると, コインが裏であった質問対象者の半分は true と回答し, 表であった質問対象者は確率 p で true と回答しますから, randomized response で true と回答する質問対象者の期待数は, $1/4+p/2$ となります. randomized response において true と答えた人の割合を α とすれば, 真の true の割合は $p=2(\alpha-1/4)$ と推定することができます.

randomized response では, コイン投げによって正しい回答を答えなくてもよいケースを導入することで, 質問回答者に「言い逃れ」の余地を与えています. ただし,「正しい回答を答えなくてもよいケース」がコイン投げによって管理されていることが前提です.

出力のランダムネスは, プライバシーを保証する上で不可欠な性質です. 出力値から入力がある程度以上の確信度で推定されないように出力値を生成することによって, 攻撃者による入力情報の推測を妨げています. 詳細は省略しますが, randomized response は差分プライバシーを保証することが知られています [9].

8.2 メカニズムの評価基準

統計量を公開するクエリのためのメカニズムにおいて, 差分プライバシーの実現方法は一通りではありません. 特に対象とする統計量が単なる十分統計量でなく, たとえば統計的検定など複数のステップにわたって評価される場合には, さまざまなメカニズムの設計が可能です. その場合, どのような実現が優れているのかを決めるための評価基準が必要です．

多くの場合，メカニズム m の優劣は，以下の基準によって決められます．

1. **プライバシー:** m が ϵ-差分プライバシーを保証すること
2. **有用性:** m の出力が $q(D)$ となるべく近いこと

プライバシーの基準はすでに定義したように差分プライバシーです．プライバシーの保証は評価基準というよりは制約条件と考えてもよいでしょう．メカニズム m が差分プライバシーを保証するには，任意の $d(D, D') = 1$ なるデータベースの組および任意の $S \subseteq Y$ について，以下が成り立つことが必要です．

$$\frac{\Pr(m(q, D) \in S)}{\Pr(m(q, D') \in S)} \leq \exp(\epsilon) \tag{8.1}$$

ここで，ϵ は 0 より大きいある小さい値です．

有用性にはいくつかの基準が考えられますが，多くの場合には，「プライバシーを保護しなかったときに得られたはずの統計量」と「プライバシーを保護したときに得られた統計量」の差の**確率バウンド**を用います．

$$\Pr(\|q(D) - m(q, D)\| > g(n)) < \beta \tag{8.2}$$

ここで，確率はメカニズムのランダムネスに対する確率です．また $\|\cdot\|$ は出力の定義域に応じて決まるノルムです．式 (8.2) は，「プライバシーを保護しなかったときに得られたはずの統計量」と「プライバシーを保護したときに得られた統計量」の差が $g(n)$ よりも大きくなる確率は，高々 β であることを意味しています．

$g(n)$ はメカニズムの出力の収束の性質を表しており，特にそのサンプル数（つまり，データベースに情報を提供した人物の数）n に対する依存性に興味があります．たとえばメカニズム m_A では $g(n) \in O(1/\sqrt{n})$ であれば，メカニズムの応答値と真の出力の差を 1/10 にするためには，サンプル数を 10^2 倍する必要があることがわかります．

一方，もし別のメカニズム m_B で $g(n) \in O(1/n)$ が達成されていたとすると，サンプル数を 10 倍すればメカニズムの応答値と真の出力の差を 1/10

にできますから，明確に m_B の方が優れていることがわかります．

差分プライバシーを保証するメカニズムを設計した場合には，この有用性に関する確率バウンドも合わせて理論評価し，その有用性を検討することが必要です．本章では，まず出力が連続値であるようなクエリのメカニズムについて先に議論します．その後で出力が離散値であるようなクエリのメカニズムを議論します．

8.3 ラプラスメカニズム

8.3.1 ℓ_1 敏感度

数値属性 $x_i \in \mathbb{R}$ からなるデータベース $D = \{x_1, \ldots, x_n\}$ およびその統計的クエリ $q : \mathbb{R}^n \to \mathbb{R}$ に基づく統計量の開示を考えましょう．データベース D と D' において，異なるレコードの数を $d(D, D')$ で表すことを思い出してください．また D' の各レコードを $D' = \{x'_1, \ldots, x'_n\}$ と書くことにします．

$d(D, D') = 1$ であるような D, D' の組を，以降 $D \sim D'$ と書きます．このようなデータベース D, D' を隣接するデータベースと呼びます．

差分プライバシーは，どんなレコードであれ，そのレコードのデータベースにおける有無が，応答値に大きな影響を与えないことを要求します．単一のレコードがクエリ q の出力に与える影響を，以下に定義する**敏感度**で評価します．

定義 8.1（ℓ_1 敏感度）

$$\Delta_{1,\ q} = \max_{D \sim D'} \|q(D) - q(D')\|_1$$

ここで，$\max_{D \sim D'} q(D, D')$ とは，$d(D, D') = 1$ であるようなすべての D, D' の組（つまりすべての隣接するデータベースの組）における最大値を表します．またここでは，応答値の差を $\|\cdot\|_1$ は ℓ_1 **ノルム**で評価しています．

隣接データベースの組 (D, D') においては，一般性を失うことなく，レコード x_n, x'_n のみが異なり，その他のレコードは同一であると考えることができます．このとき，代表的な統計関数における敏感度は，以下のように評価することができます．ここでは，レコードの定義域を $x \in [0, 1]$ とします．

- 和関数 $q_{\text{sum}}(D) = \sum_i x_i$ の敏感度

$$\begin{aligned}\Delta_{1,\text{sum}} &= \max_{D \sim D'} |q_{\text{sum}}(D) - q_{\text{sum}}(D')| \\ &= \max_{D \sim D'} \left|\sum_i x_i - \sum_i x'_i\right| = \max_{x_n, x'_n \in [0,1]} |x_n - x'_n| = 1\end{aligned}$$

- 平均関数 $q_{\text{ave}}(D) = \frac{1}{n}\sum_i x_i$ の敏感度

$$\begin{aligned}\Delta_{1,\text{ave}} &= \max_{D \sim D'} |q_{\text{ave}}(D) - q_{\text{ave}}(D')| \\ &= \max_{D \sim D'} \frac{1}{n}\left|\sum_i x_i - \sum_i x'_i\right| = \frac{1}{n}\max_{x_n, x'_n \in [0,1]} |x_n - x'_n| = 1/n\end{aligned}$$

- 最大値関数 $q_{\max}(D) = \max_i x_i$ の敏感度

$$\begin{aligned}\Delta_{1,\max} &= \max_{D \sim D'} |q_{\max}(D) - q_{\max}(D')| \\ &= \max_{x_n, x'_n \in [0,1]} |x_n - x'_n| = |1 - 0| = 1\end{aligned}$$

ある 1 人の値の変化が出力に大きい影響を与えることは，出力が入力について推測の手がかりを与えることになり，プライバシー保護の観点からは望ましくありません．差分プライバシーを保証するメカニズムは確率的アルゴリズムであることはすでに述べました．大きい敏感度をもつ関数に対して差分プライバシーを保証するには，直感的にはより強いランダム性が必要になるでしょう．

平均クエリおよび最大値クエリともに値域は $[0, 1]$ ですが，前者の敏感度は $1/n$，後者の敏感度は 1 です．平均値は標本サイズが大きいほど個別の値に影響されにくくなりますが，最大値は標本サイズと無関係に大きく変動することがあります．

たとえば D は $x_1 = x_2 = ... = x_n = 0$ の値をもち，その隣接データベース D' は $x_1 = x_2 = ... = x_{n-1} = 0, x_n = 1$ の値をもつ場合，n にかかわらず敏感度は 1 です．つまり，最大値の公開は，平均値の公開よりもプライバシー保護の観点からはより慎重であるべきです．クエリの敏感度は「公開にどのぐらい慎重であるべきか」を定量化する 1 つの指標と考えてもいいでしょう．

8.3.2 ラプラス分布によるランダム化

クエリの出力をラプラス分布から生成した乱数を用いてランダム化する**ラプラスメカニズム**を導入します．ラプラス分布は以下の式で定義されます．

$$\mathrm{Lap}(R) = \frac{1}{2R} e^{-\frac{|x|}{R}} \tag{8.3}$$

R はスケールパラメータで，分布の広がりを決める値です．クエリ q の ℓ_1 敏感度を $\Delta_{1,q}$，プライバシーパラメータを ϵ とすると，ラプラスメカニズムは**アルゴリズム 8.1** のように与えられます．以降では，ラプラスメカニズムの出力を $m_{\mathrm{Lap}}(q, D)$ と書きます．

アルゴリズム 8.1 ラプラスメカニズム

入力. データベース D，プライバシーパラメータ ϵ，
　クエリ q の敏感度 $\Delta_{1,q}$
出力. y
1. $R = \Delta_{1,q}/\epsilon$
2. $r \sim \mathrm{Lap}(R)$
3. $y = q(D) + r$ を出力

8.3.3 ラプラスメカニズムのプライバシー

ラプラスメカニズムの差分プライバシーについては，以下の定理が成り立ちます．

定理 8.2（ラプラスメカニズムの差分プライバシー）

ラプラスメカニズムは ϵ-差分プライバシーを保証します．

ラプラスメカニズムの差分プライバシーを示しましょう．ラプラスメカニズムの応答値を $y = m_{\mathrm{Lap}}(q, D)$ と書くことにします．

式 (8.3) およびラプラスメカニズムによるノイズ付加（アルゴリズム 8.1

のステップ3）より，データベース D について真の応答値が $q(D)$ であるとき，ラプラス分布の確率変数を y とすると，ラプラスメカニズムの応答値の確率密度分布は以下のように与えられます．

$$p\left(m_{\mathrm{Lap}}(q, D) = y\right) = \frac{1}{C} \exp\left\{-\frac{\epsilon|y - q(D)|}{\Delta_{1,q}}\right\} \tag{8.4}$$

ここで，C は適当な定数です．

これよりラプラス分布における確率密度の比は，以下のようにバウンドされます．

$$\begin{aligned}\left|\ln \frac{p\left(m_{\mathrm{Lap}}(q, D) = y\right)}{p\left(m_{\mathrm{Lap}}(q, D') = y\right)}\right| &= \left|\ln \frac{\exp\left(-\frac{\epsilon|y-q(D)|}{\Delta_{1,q}}\right)}{\exp\left(-\frac{\epsilon|y-q(D')|}{\Delta_{1,q}}\right)}\right| \\ &= \left|\epsilon \cdot \frac{|y - q(D)| - |y - q(D')|}{\Delta_{1,q}}\right| \\ &\leq \frac{\epsilon|q(D) - q(D')|}{\Delta_{1,q}} \leq \frac{\epsilon\Delta_{1,q}}{\Delta_{1,q}} \leq \epsilon \end{aligned} \tag{8.5}$$

途中の不等式では，三角不等式を用いています．任意の隣接データベースにおいて，メカニズムが出力 y を応答する確率密度の比が ϵ で抑えられますから，ラプラスメカニズムは ϵ-差分プライバシーを保証することがわかります．

8.3.4 ラプラスメカニズムの有用性

ラプラスメカニズムの有用性については以下の定理が成り立ちます．

定理 8.3（ラプラスメカニズムの有用性）

$y = m_{\mathrm{Lap}}(q, D)$ とします．このとき，任意の $\delta \in (0, 1]$ について，以下が成り立ちます．

$$\Pr\left(\|y - q(D)\|_1 > \frac{\Delta_{1,q}}{\epsilon} \ln \frac{1}{\delta}\right) \leq \delta \tag{8.6}$$

ラプラスメカニズムの有用性を示しましょう．$r \sim \mathrm{Lap}(R)$ とします．このとき，ラプラス分布の裾の確率は $\Pr(|r| > t \cdot R) = \exp(-t)$ で与えられま

す．この事実を用いると定理 8.3 が示されます．

$$\Pr\left(\|y - q(D)\|_1 > \frac{\Delta_{1,q}}{\epsilon}\ln\frac{1}{\delta}\right) = \Pr\left(|r| > \frac{\Delta_{1,q}}{\epsilon}\ln\frac{1}{\delta}\right)$$
$$= \exp(-\ln(1/\delta)) = \delta.$$

定理 8.3 によれば，応答値の誤差は $O(\frac{\Delta_{1,q}}{\epsilon})$ の項で抑えられています．ϵ が小さい（つまりより強くプライバシーを保証する）ほど，誤差が大きくなることは，差分プライバシーの実現において，有用性（誤差の小ささ）とプライバシーの保証の間にはトレードオフがあることを示しています．

8.3.5 ラプラスメカニズムに基づくクエリ

平均クエリと最大値クエリを例に，ラプラスメカニズムの実例を示します．平均クエリの敏感度は $\Delta_{1,\mathrm{ave}} = 1/n$ でしたから，ラプラスメカニズムは，以下の式で与えられます．

$$m_{\mathrm{Lap}}(D, q_{\mathrm{ave}}) = \frac{1}{n}\sum_i x_i + r \tag{8.7}$$

ここで，$r \sim \mathrm{Lap}(\frac{1}{\epsilon n})$ です．このメカニズムの出力は，サンプル数 n について，確率 $1-\delta$ で

$$\left| m_{\mathrm{Lap}}(D, q_{\mathrm{ave}}) - \frac{1}{n}\sum_i x_i \right| \le \frac{1}{\epsilon n}\ln\frac{1}{\delta} \tag{8.8}$$

を満たします．

最大値クエリの敏感度は $\Delta_{1,\max} = 1$ でしたから，ラプラスメカニズムは，以下の式で与えられます．

$$m_{\mathrm{Lap}}(D,\ q_{\max}) = \max_i x_i + r \tag{8.9}$$

ここで，$r \sim \mathrm{Lap}(\frac{1}{\epsilon})$ です．このメカニズムの出力は，確率 $1-\delta$ で

$$\left| m_{\mathrm{Lap}}(D, q_{\max}) - \max_i x_i \right| \le \frac{1}{\epsilon}\ln\frac{1}{\delta} \tag{8.10}$$

を満たします．

ϵ 差分プライバシーを保証するという制約の下で，平均クエリと最大値クエリを比較すると，平均クエリの正確さは $O(1/n)$ で真の値に収束するのに

対し，最大値クエリの正確さはサンプル数にかかわらず $O(1)$ です．これは，平均クエリと最大値クエリの敏感度評価が，それぞれ $O(1/n)$ と $O(1)$ であることに関係しています．同等のプライバシーを達成するには最大値の公開は，平均値の公開に比べ，より強いランダム化が必要であるだけではなく，最大値クエリでは，サンプル数の増加が有用性の改善に貢献しないということがわかります．

8.3.6　ラプラスメカニズムの事例

データ収集者として表 3.1 を保持する医療保険会社が，表 3.1 に関する統計量を公開する事例を考えましょう．医療保険会社は研究者から統計解析の依頼を受け，その結果を提供するときに，差分プライバシーを保証した上で公開します．ここでは，研究者が年齢や喫煙歴の平均値や最大値の調査を依頼するものとします．

年齢と喫煙歴の定義域を $[0, 100]$ とすれば，平均値クエリの ℓ_1 敏感度は $\Delta_{1,\mathrm{ave}} = 100/n$，最大値クエリの ℓ_1 敏感度は $\Delta_{1,\max} = 100$ となります．データベースのサイズを $n = 100,000$，プライバシーパラメータを $\epsilon = 0.1$ としてラプラスメカニズムを適用すると，平均値クエリの応答値の誤差は，確率 95% ($\delta = 0.05$) で

$$\frac{1}{0.1 \times 100,000} \ln \frac{1}{0.05} \simeq 2.99 \times 10^{-3} \tag{8.11}$$

以下であることが保証されます．年齢や喫煙歴の定義域から見れば，相対的に見て，このような誤差は統計解析上問題になりません．

同様の条件における最大値クエリの応答値の誤差は，確率 95% ($\delta = 0.05$) で

$$\frac{1}{0.1} \ln \frac{1}{0.05} \simeq 29.9 \tag{8.12}$$

以下であることが保証されます．単位が年である年齢や喫煙歴にこの規模の誤差が入ることは，年齢の定義域と比較すれば統計解析としては問題があることがわかります．

このように同一の ϵ を用いても，クエリの敏感度によって，その有用性は大きく異なります．最大値クエリのような敏感度の高いクエリは，差分プライバシーを保証しつつ，有用な応答値を返すことが本質的に困難です．プラ

イバシーを保証する統計解析においては，一定の ϵ を制約として，なるべく有用性が高くなるようにクエリを構成する必要があります．そのような工夫については 8.9 節にて再度議論します．

8.4 ガウシアンメカニズム

出力が数値属性であるような統計量の公開に差分プライバシーを保証する別のメカニズムとして，**ガウシアンメカニズム**を紹介します．ガウシアンメカニズムでは，正規分布による出力のランダム化によって，差分プライバシーを保証します．正規分布は以下の式で定義されます．

$$\mathcal{N}(\mu, \sigma^2) = \frac{1}{\sqrt{2\pi\sigma^2}} \exp - \frac{(x-\mu)^2}{2\sigma^2} \tag{8.13}$$

ここで，μ は平均，σ^2 は分散です．

ガウシアンメカニズムでは，敏感度を ℓ_2 **ノルム**で評価します．

定義 8.4（ℓ_2 敏感度）

$\Delta_{2,q} = \max_{D \sim D'} \|q(D) - q(D')\|_2$

クエリ q の ℓ_2 敏感度を $\Delta_{2,q}$ とします．プライバシーパラメータ ϵ, δ について，ガウシアンメカニズムのアルゴリズムを**アルゴリズム 8.2** に示します．

アルゴリズム 8.2 ガウシアンメカニズム

入力. データベース D，プライバシーパラメータ ϵ, δ，
　クエリ q の ℓ_2 敏感度 $\Delta_{2,q}$

出力. y

1. $\sigma = \frac{\Delta_q (2 \log(1.25/\delta))^{1/2}}{\epsilon}$
2. $r \sim \mathcal{N}(0, \sigma^2)$
3. $y = q(D) + r$ を出力

8.4.1 ガウシアンメカニズムのプライバシー

このガウシアンメカニズムのプライバシーについては，以下の定理が成り立ちます．

定理 8.5（ガウシアンメカニズムの差分プライバシー）

ガウシアンメカニズムは (ϵ, δ)-差分プライバシーを保証します．

定理 8.5 の証明はラプラスメカニズムに比べ複雑になります．詳細は文献 [9] などを参照してください．

8.5 指数メカニズム

ラプラスメカニズムおよびガウシアンメカニズムは，連続な出力空間を対象とした一般のクエリに対するメカニズムでした．次は，出力空間が離散である場合の一般のクエリについて，差分プライバシーを保証する**指数メカニズム**を導入します．

出力は Y に属する離散値をとるものとします．指数メカニズムでは，メカニズムを定義するための**スコア関数** $U : \mathcal{D} \times Y \to \mathbb{R}$ を導入します．このスコア関数は，「メカニズムの出力値の望ましさ」を表します．入力 D に対するクエリの出力 y のスコア $U(D, y)$ は，真の出力 $q(D)$ に近いほど，より高い値をとるように定義します．特に $q(D) = y$ のとき，$U(D, y)$ が最高値をとるようにします．当然ながら，クエリの種類に応じてスコア関数は異なりますし，同じクエリに対してもさまざまなスコア関数を設計することができます．

スコア関数の敏感度は，以下のように定義されます．

$$\Delta_{U,q} = \max_{y \in Y} \max_{D \sim D'} |U(D, y) - U(D', y)| \tag{8.14}$$

スコア関数の敏感度に基づき，ϵ 差分プライバシーを保証する指数メカニズム m_{exp} は，**アルゴリズム 8.3** のように与えられます．

アルゴリズム 8.3 指数メカニズム

入力. データベース D, スコア関数 U, プライバシーパラメータ ϵ,
　　スコア関数の敏感度 $\Delta_{U,q}$
出力. y
　1. $\Pr(y|D) = \frac{\exp\left(\frac{\epsilon}{2\Delta_{U,q}}U(D,y)\right)}{\sum_{z\in Y}\exp\left(\frac{\epsilon}{2\Delta_{U,q}}U(D,z)\right)}$
　2. $y \in Y$ を確率 $\Pr(y|D)$ で選択し, y を出力

直感的には, メカニズムは高いスコア値を与える要素ほど高い確率で出力します.

8.5.1 指数メカニズムのプライバシー

この指数メカニズムのプライバシーについて, 以下の定理が成り立ちます.

定理 8.6 (指数メカニズムの差分プライバシー)

指数メカニズムは ϵ-差分プライバシーを保証します.

定理 8.6 を証明してみましょう. これまでと同様に, D, D' を入力にとる指数メカニズムが応答値 y を出力する確率の比の上限を求めます. 指数メカニズムの出力を, $y = m_{\exp}(D, U)$ とします.

$$
\begin{aligned}
\frac{\Pr(y|D)}{\Pr(y|D')} &= \frac{\exp\left(\frac{\epsilon}{2\Delta_{U,q}}U(D,y)\right)}{\sum_{z\in Y}\exp\left(\frac{\epsilon}{2\Delta_{U,q}}U(D,z)\right)} \cdot \frac{\sum_{z\in Y}\exp\left(\frac{\epsilon}{2\Delta_{U,q}}U(D',z)\right)}{\exp\left(\frac{\epsilon}{2\Delta_{U,q}}U(D',y)\right)} \\
&= \exp\left\{\frac{\epsilon(U(D,y) - U(D',y))}{2\Delta_{U,q}}\right\} \frac{\sum_{z\in Y}\exp\left(\frac{\epsilon}{2\Delta_{U,q}}U(D',z)\right)}{\sum_{z\in Y}\exp\left(\frac{\epsilon}{2\Delta_{U,q}}U(D,z)\right)}
\end{aligned}
$$

$$
\begin{aligned}
&\leq \exp \frac{\epsilon \Delta_{U,q}}{2\Delta_{U,q}} \frac{\sum_{z \in Y} \exp\left(\frac{\epsilon}{2\Delta_{U,q}} U(D,z) + \frac{\epsilon}{2\Delta_{U,q}} \Delta_{U,q}\right)}{\sum_{z \in Y} \exp\left(\frac{\epsilon}{2\Delta_{U,q}} U(D,z)\right)} \\
&\leq \exp \frac{2\epsilon \Delta_{U,q}}{2\Delta_{U,q}} = \exp(\epsilon). \qquad (8.15)
\end{aligned}
$$

すべての $D \sim D'$ およびすべての $y \in Y$ において，これが成り立ちますから，指数メカニズムは ϵ 差分プライバシーを保証します．

8.5.2 指数メカニズムの有用性

続いて，指数メカニズムが応答する値の有用性について議論します．スコア関数 $U : \mathcal{D} \times Y \to \mathbb{R}$ について，最も高いスコア値を

$$
\mathrm{OPT}_U(D) = \max_{y \in Y} U(D, y)
$$

最も高いスコア値を与える応答値の集合を

$$
Y_{\mathrm{OPT}}(D) = \{y \in Y | U(D, y) = \mathrm{OPT}_U(D)\} \qquad (8.16)
$$

とします．

定理 8.7（指数メカニズムの有用性）

データベース D について，y を指数メカニズムの出力とします．このとき任意の $t > 0$ について，以下が成り立ちます．

$$
\Pr\left[U(D, y) \leq \mathrm{OPT}_U(D) - \frac{2\Delta_{U,q}}{\epsilon}\left(\ln\left(\frac{|Y|}{|Y_{\mathrm{OPT}}|}\right) + t\right)\right] \leq e^{-t}
$$

定理 8.7 は，指数メカニズムが実際に出力する要素のスコア関数の値と，真の出力のスコア関数 $\mathrm{OPT}_U(D)$ の差が，$\frac{2\Delta_{U,q}}{\epsilon}\left(\ln\left(\frac{|Y|}{|Y_{\mathrm{OPT}}|}\right) + t\right)$ だけ小さい確率が，e^{-t} より小さいことを示しています．証明は文献 [9] などを参照してください．

8.5.3 指数メカニズムの事例

医療保険会社による表 3.1 へのカウントクエリと最大クエリに対する応答を例に，指数メカニズムの実例を示します．データ利用者である研究者は，喫煙歴 $C1$=“喫煙歴なし”，$C2$=“1 から 5 年”，$C3$=“5 年から 10 年”，$C4$=“10 年以上” の 4 カテゴリのうち，最も当てはまる人数の多いカテゴリはどれかを問い合わせるものとします．医療保険会社は該当するカテゴリを，差分プライバシーで保証した上で公開します．

スコア関数を指定したカテゴリに属する人数として定義しましょう．たとえば $U(D, C1)$ は喫煙歴なしに該当する人数です．クエリ内容は「最も人数の多いカテゴリ」ですから，真の出力において最高値をとります．スコア関数は条件に合致する人数を返すカウント関数ですから，敏感度は以下のように 1 です．

$$\Delta_U = \max_{C \in \{C_1, C_2, C_3, C_4\}} \max_{D \sim D'} |U(D, C) - U(D', C)| = 1$$

データベースのサイズを $n = 100,000$，プライバシーパラメータを $\epsilon = 0.1$ とします．定理 8.7 によれば，指数メカニズムを適用したときに，$t = 3$ において指数メカニズムが出力するカテゴリに含まれる人の数が

$$s = \text{最大のカテゴリが含む人の数} - \frac{2}{0.1}(\ln(4/1) + 3) \qquad (8.17)$$

より大きい確率は，$0.95 (\simeq 1 - e^{-3})$ です．ここで，$|Y| = 4, |Y_{\mathrm{OPT}}| = 1$ としています．複数のカテゴリが同一の人数を含む可能性がありますから，必ずしも $|Y_{\mathrm{OPT}}| = 1$ になるとは限りません．ただし，$|Y_{\mathrm{OPT}}| = 1$ とすることで誤差の上限を与えますので，このように設定しています．

データベースに含まれる人数 $n = 100,000$ のうち，最大のカテゴリが非喫煙者でこれが全体の 75%を占めるとすると，最大のカテゴリが含む人の数 $= 75,000$ となります．このとき $s \simeq 74,900$ ですから，指数メカニズムはほぼ確実に非喫煙者カテゴリを出力することがわかります．

ラプラスメカニズムの事例では最大値クエリの敏感度は高く，データベースのサイズにかかわらず，有用な応答値を得るのは困難であることを指摘しました．もしデータ利用者の意図が，最大値を得ることではなく，最大値を与える属性値や属性値の組み合わせを得ることならば，指数メカニズムを通じて最大値を与える属性に関する情報を得る方法がよい結果を与える場合も

あります．

8.6 レコードの独立性

これまで明確には言及していませんでしたが，ラプラスメカニズムやガウシアンメカニズムによって差分プライバシーを保証するには，データベースにおける各レコードの属性値が独立であることが必要になります．

例として，人口10万人のX県の県民100人を一様な確率でサンプリングし，その市民がある感染症にかかっているかどうかを記録したデータベースを考えましょう．このデータベースを D_{ind} とします．データベースの各行は個人に対応し，その個人が感染症にかかっているかどうかのみが記載されているとします．同様に，X県の小学校Yの全児童100人がある感染症にかかっているかどうかを記録したデータベース D_{corr} を考えます．

10万人の県民から一様にサンプリングされた100人の県民が，それぞれ直接接触している可能性は極めて低いと考えられるので，感染症の感染力の強さにかかわらず個々の感染状態は独立です．よって D_{ind} から感染者数をカウントして推定された感染症の罹患率は，実態に近いと考えてよいでしょう．一方，同じ小学校の児童では，感染症が互いに感染し合うことが考えられますから，感染状態は独立とはいえません．

この2つのデータベースについて，ラプラスメカニズムを通じて 感染者数を問い合わせるクエリを発行することにします．カウントクエリの敏感度は1ですから，どちらのデータベースにクエリを発行する場合も，敏感度1と**プライバシーバジェット** ϵ に対応したノイズをカウントに加えれば，ϵ-差分プライバシーが保証されるはずです．プライバシーバジェットとは統計解析の実行において最終的に許容するプライバシー保証の限界を意味し，差分プライバシーでは ϵ がこれに対応します．

しかし，攻撃者がこのメカニズムを通じて得たクエリの応答値から，ある特定の人の感染状態を推測しようとしたときに，明らかに D_{corr} からの応答の方が，D_{ind} より確信度の高い結果を得ることができるでしょう．極端な例として，この感染症の感染力が極めて強力であり，D_{corr} におけるカウント値は0（まったく感染者がいない）か100（全員感染している）の2値をとるものとしましょう．このとき，敏感度1において差分プライバシーを保証したカウントクエリが，児童 100 人の感染数について，メカニズムを通じて 98.4 人という応答値を出力した場合，高い確率で真のカウント値は 100 であることがわかります．

これは，D_{corr} のレコードの属性値が互いに依存していることを無視しているためです．この例からもわかるように，差分プライバシーを保証する前提として，データベースに含まれる各レコードの属性値が互いに独立である必要があります．

8.7 複数回のクエリに対する差分プライバシーの保証

基本的な統計解析のためのメカニズムを複数設計し，複数のメカニズムの出力を組み合わせから複雑な統計解析を行い，結果として差分プライバシーを保証する方法を**モジュラーアプローチ**と呼びます．複数のクエリについての応答について差分プライバシーを保証するベースとなるのが**差分プライバシーの合成定理**です．

8.7.1 差分プライバシーの合成定理

差分プライバシーを保証するメカニズムから複数の出力を得たときに，その出力を組み合わせても差分プライバシーは保証されます．これを**差分プライバシーの合成定理**と呼びます．以下に差分プライバシーの合成定理を示します．

定理 8.8（差分プライバシーの直列合成定理）

D をデータベースとします．$i = 1, \ldots, k$ について，m_i をクエリ q_i のためのプライバシーメカニズムとします．m_i は ϵ_i 差分プライバシーを保証するものとします．クエリ $\{q_i\}_{i=1}^k$ について，応答値 $\{m_i(q_i, D)\}_{i=1}^k$ を出力するプライバシーメカニズム m は，$\sum_{i=1}^k \epsilon_i$ 差分プライバシーを保証します．

定理 8.8 を証明してみましょう．各メカニズムは ϵ_i 差分プライバシーを保証しますから，すべての隣接データベース $D \sim D'$ について，以下が成り立ちます.

$$\frac{\Pr(m_i(q_i, D) = y)}{\Pr(m_i(q_i, D') = y)} \le e^{\epsilon_i}$$

このとき,

$$\begin{aligned}\frac{\Pr(m(q, D) = (y_1, \ldots, y_k))}{\Pr(m(q, D') = (y_1, \ldots, y_k))} &= \frac{\prod_{i=1}^k \Pr(m_i(q_i, D) = y_i)}{\prod_{i=1}^k \Pr(m_i(q_i, D') = y_i)} \\ &= \prod_{i=1}^k \left(\frac{\Pr(m_i(q_i, D) = y_i)}{\Pr(m_i(q_i, D') = y_i)} \right) \\ &\le \prod_{i=1}^k e^{\epsilon_i} = e^{\sum_{i=1}^k \epsilon_i}\end{aligned}$$

を得ます. よって, プライバシーメカニズム m は, $\sum_{i=1}^k \epsilon_i$ 差分プライバシーを保証していることがわかります.

また証明は省略しますが, m_i が (ϵ_i, δ_i) 差分プライバシーを保証している場合, m は $(\sum_i \epsilon_i, \sum_i \delta_i)$ 差分プライバシーを保証することも知られています [10].

合成定理を用いれば, 同じデータベースに対し複数個の問い合わせを組み合わせて統計解析をしたとき, トータルで実現されるプライバシー上の保証を評価することができます. プライバシーバジェットを ϵ としたときに, 各問い合わせに対応するメカニズム ϵ_i の値の合計値が ϵ を超えなければ, プライバシーバジェットを各メカニズムにどのように配分しても ϵ-差分プライバシーは保証されます.

8.7.2 最適な合成定理

前節で導入した合成定理においては, m_i が (ϵ_i, δ_i) 差分プライバシーを保証している場合, m は $(\sum_i \epsilon_i, \sum_i \delta_i)$ 差分プライバシーを保証するのでした. この合成において, $\sum_i \delta_i$ よりも若干大きい δ が許容されるならば, $\sum_i \epsilon_i$ より小さい ϵ において差分プライバシーが達成されることが示されています.

定理 8.9（差分プライバシーの合成定理の発展版 [10]）

$\epsilon > 0, \delta \in [0,1], \tilde{\delta} \in (0,1]$ とします．(ϵ, δ) 差分プライバシーを保証するプライバシーメカニズムを適応的に k 回繰り返したとき，その結果は $(\tilde{\epsilon}_{\tilde{\delta}}, k\delta + \tilde{\delta})$ 差分プライバシーを満たします．このとき，以下が成り立ちます．

$$\tilde{\epsilon}_{\tilde{\delta}} = k\epsilon(e^{\epsilon} - 1) + \epsilon\sqrt{2k\log(1/\tilde{\delta})} \tag{8.18}$$

ここで適応的とは，k 回の繰り返しにおいて，i 回目のクエリの内容は $i-1$ 回目のクエリの応答値を確認してから発行してもよいことを意味しています．

k 回の繰り返しの結果，$k\delta$ よりも大きい $k\delta + \tilde{\delta}$ が許容可能であるとします．このとき，$\epsilon \simeq 0$ ならば式 (8.18) の第一項は無視できます．よって，合成数 k において合成定理のプライバシーバジェットは，ナイーブな合成定理における $O(k)$ から $O(k^{1/2})$ に改善されます．

より優れた合成定理も示されています [26]．ここでは，合成定理のプライバシーバジェットはさらに改善され，かつその最適性が示されています．

8.7.3 同じクエリの複数回の問い合わせは得か

差分プライバシーを保証するメカニズムへの問い合わせを複数回行った場合，本来想定されていたプライバシーは保証されるでしょうか?

ϵ-差分プライバシーを保証するラプラスメカニズムやガウシアンメカニズムを通じて，ある数値属性の平均値を取得する場合を考えましょう．単純に考えれば，メカニズムは真の平均値を平均 0 の加法的なノイズでランダム化していますから，クエリを繰り返し発行し出力の平均値をとれば，推定量は大数の法則により徐々に真の平均値に近づきます．この場合には，当初想定した ϵ-差分プライバシーは保証されていないように思えます．

平均値クエリについて複数回問い合わせを行う攻撃が合理的でないことは合成定理の観点から説明できます．攻撃者が k 回クエリを発行するとします．メカニズムが k 回の応答の後に ϵ-差分プライバシーを保証しようと思うなら，それぞれのクエリについては ϵ/k 差分プライバシーを保証する必要があります．たとえば ϵ/k 差分プライバシーにおいて，ガウシアンメカニズムが加えるノイズの標準偏差は ϵ/k 差分プライバシーと比べて k 倍大きいですから，k 回のクエリ応答値を得たとしても，ϵ-差分プライバシーが保証されているという制約において，k 回のクエリ応答値から攻撃者が得る情報は中心極限定理により変わりません．このようなクエリが有用性の意味で得をしているということはありません．

ただしメカニズムが初回のクエリに対して ϵ-差分プライバシーを保証したクエリの応答値を出力した後に，再びクエリがあり同様に ϵ-差分プライバシーを保証して応答した場合には，保証されるプライバシーは 2ϵ 差分プライバシーとなりますから，結果として攻撃者に多くの情報を与えることになります．このようなことが起こらないようにメカニズムの側でプライバシーバジェットを厳密に管理する必要があります．

8.8 合成定理の応用

「肺がんと遺伝的特徴 A の関連」を調べる独立性検定の例に再び戻り，複数クエリにおける差分プライバシーについて考察します．

カイ二乗独立性検定では，2 つの離散属性に関するカウント値から分割表 7.1 を構成し，その値を用いて式 (7.1) でカイ二乗検定統計量を計算し，最終的な検定結果を得ます．

カイ二乗独立性検定の計算は以下の手順に分割されます．

1. 2 つの離散属性に関するカウント値を得ます
2. 得たカウント値から分割表 7.1 を構成します
3. 分割表から式 (7.1) よりカイ二乗検定統計量を計算します
4. 検定統計量から「有意水準 α において帰無仮説が棄却されるか否か」を判定します．

独立性検定の出力は「有意水準 α において帰無仮説が棄却されるか否か」

の2値ですが，その計算プロセスは単純な統計操作の組み合わせからなります．これらの計算のうち，どこまでを統計データベースに依頼し，どこからはデータ利用者の手元で行うかには任意性があります．単純には以下の4つの戦略が考えられます．

1. 統計的検定を統計データベースが行い，データ利用者は統計的検定の結果のみを得る
2. カイ二乗検定量を統計データベースが計算し，統計的検定はデータ利用者が行う
3. 分割表を統計データベースが計算し，カイ二乗検定量の評価と統計的検定はデータ利用者が行う
4. カウント値を統計データベースが計算し，分割表の作成，カイ二乗検定量の評価，統計的検定をデータ利用者が行う

モジュラーアプローチでは，対象とする統計計算を最も単純な統計クエリに分割し，それぞれに差分プライバシーを保証することで，全体の統計計算のプライバシーを合成定理によって保証する戦略をとります．ここでは，カウント値の評価が最も基本的な計算ですから，差分プライバシーが保証されたカウントクエリをベースにして独立性検定の差分プライバシーを保証する方法を検討します．

全体の人数 n は公表されていると仮定すると，分割表を得るためにデータ利用者が統計データベースに発行する必要があるクエリは，

- 遺伝的要因 A をもつ人数 n_A
- 肺がんの罹患者数 n_1
- 遺伝的要因 A をもち，かつ肺がんの罹患者の人数 n_{1A}

の3種類になります．それ以外の値は上記の値および n から導くことができます．いずれのクエリも条件に合致する個人の数をカウントするカウントクエリ q_{count} によって取得できます．

カウントの ℓ_1 敏感度は，任意の条件（たとえば，「肺がんを罹患し，かつ遺伝的特徴 A をもたない」）において

$$\Delta_{\text{count},1} = \max_{D \sim D'} |q_{\text{count}}(D, \text{条件}) - q_{\text{count}}(D', \text{条件})| = 1 \qquad (8.19)$$

です．$\Delta_{\text{count}} = 1$ におけるラプラスメカニズムなどで差分プライバシーが保証された上記の 3 つについてカウントを得ることができます．ここで，3 つのカウントは同じデータベースから取得していますから，合成定理によって最終的に保証されるのは 3ϵ 差分プライバシーであることに注意してください．

データ利用者はこれらのカウントから 3ϵ 差分プライバシーが保証された分割表を作成し，データ利用者の手元で式 (7.1) によってカイ二乗検定量を求め，与えられた有意水準において検定結果を得ることができます．メカニズムから出力された値にいかなる事後処理を施しても保証される差分プライバシーは変化しませんから，この結果は 3ϵ 差分プライバシーを保証しています．

8.9 疎な出力

引続き「肺がんと遺伝的特徴 A の関連」を調べる独立性検定の例を用いて考察します．今度は，n 人の被験者について，20 万個の個人ごとに異なる遺伝的特徴 (SNP) と，肺がんの関連性を調査することを考えます．目的は 20 万個の SNP から肺がんに強く関連している SNP を探し出すことです．

プライバシーを考慮しない場合は，表 7.1 のような分割表をそれぞれの SNP について 20 万個作成し，それぞれの分割表について検定統計量を評価します．カイ二乗検定では，検定統計量が大きいほど関連が強いと判断できます．ここでは，あらかじめ定めた有意水準 α について，有意に関連があると判断される SNP をすべて見つけ出すことを目標とします．そのためには，有意水準 α において定まる閾値を超える検定統計量をもつ SNP を列挙します．

先ほど紹介したモジュラーアプローチでこれを行うには，以下の手順を踏みます．ここでは対象とする遺伝的要因を $A_k, k = 1, 2, \ldots,$ とします．

1. 肺がんの罹患者数 n_1 を求める
2. 20 万個の SNP それぞれについて:
   (a) 遺伝的要因 A をもつ人数 n_A および遺伝的要因 A をもつ肺がんの罹患者の人数 n_{1A} を求める
   (b) 分割表を作成し，検定統計量を求め，検定結果を得る [*1]
3. 帰無仮説が棄却されたすべての SNP を出力する

ステップ 1 およびステップ 2(a) を差分プライバシーを保証したカウントクエリで得ることによって一応目的は達成されますが，問題はステップ 2(a) が 20 万回繰り返されることです．プロセス全体として ϵ-差分プライバシーを保証するためには，ステップ 2(a)1 回に割り当てることができるプライバシーバジェットは $\epsilon/200000$ になります．加えられるノイズの標準偏差も 20 万倍となるため，正しい結果を得ることはほぼできないでしょう．

この統計解析の場合，データ利用者の興味は「肺がんと関連の深い SNP を知ること」です．関連の低い SNP についての検定統計量は本来不要です．帰無仮説が受理された SNP についてのカウント値は本来利用価値がなく，捨てられているわけですが，そのような興味のない応答値の開示にもプライバシーバジェットが消費されているため，有用性が無駄に低くなっています．

8.9.1 閾値メカニズム

最終的な解析結果を得るために多数のクエリ応答値が必要な場合でも，実際に出力する必要のある応答値はそのなかの少数に限られる場合には，閾値メカニズムによって有用性を改善できる場合があります．

ℓ_1 敏感度が Δ のクエリ $q_1, \ldots q_k$ を考えます．以降の議論は各クエリが異なる敏感度をもつ場合にも成立しますが，以降ではすべてのクエリの敏感度が Δ であるものとします．データ利用者は D に，k 個のクエリ $q_1, \ldots, q_k$ を発行し，応答値が閾値 θ 以上ならば true を，そうでなければ false を受け取ることを考えます．

---

*1 ここでは，同一データを対象に複数の帰無仮説について検定を行っていますから，検定の多重性を考慮した補正が必要です．

このような問い合わせにおいて以下のような**閾値メカニズム**を考えます．閾値メカニズムを**アルゴリズム 8.4** に示します．カットオフとはメカニズムが出力する true の最大数です．閾値メカニズムでは，閾値 θ をラプラス分布でランダム化し，またクエリの評価値 $q_i(D)$ をラプラスメカニズムでランダム化します．ランダム化評価値が，ランダム化閾値を超えた場合 true，超えない場合 false を出力します．

アルゴリズム 8.4 閾値メカニズム

入力. データベース D，クエリ $q_1, q_2, \ldots$，閾値 θ，カットオフ c，
　　プライバシーパラメータ ϵ, δ
出力. $y_i \in \{\mathsf{true}, \mathsf{false}\}, i = 1, 2, \ldots$

1. $\sigma = \frac{\sqrt{32c \ln \frac{1}{\delta}}}{\epsilon}$
2. $\hat{\theta}_0 = \theta + \mathrm{Lap}(\sigma)$
3. $\mathrm{count} = 0$
4. For $i = 1, 2, \ldots$
   (a) $\nu_i = \mathrm{Lap}(2\sigma)$
   (b) もし $q_i(D) + \nu_i \geq \hat{\theta}_{\mathrm{count}}$ ならば，$y_i = \mathsf{true}, \mathrm{count} = \mathrm{count} + 1, \hat{\theta}_{\mathrm{count}} = \theta + \mathrm{Lap}(\sigma)$．そうでなければ $y_i = \mathsf{false}$
5. もし $\mathrm{count} \geq c$ ならば，メカニズムを終了

閾値メカニズムの原理は単純です．プライバシーを保護しない場合には，出力は

$$y_i = \begin{cases} \mathsf{true} \text{ if } q_i(D) \geq \theta \\ \mathsf{false} \ \text{ otherwise} \end{cases} \tag{8.20}$$

として決まるところ，

$$y_i = \begin{cases} \text{true if } q_i(D) + \mathrm{Lap}(2\sigma) \geq \theta + \mathrm{Lap}(\sigma) \\ \text{false otherwise} \end{cases} \tag{8.21}$$

としています．出力と閾値の両方にノイズをのせ，出力をランダム化しています．

閾値メカニズムはカットオフで定めた c 個の応答値が出力された時点で，アルゴリズムが終了することに注意してください．閾値メカニズムのねらいは出力する値の数を少数に絞り込むことによって応答の数を減らし，プライバシーバジェットを節約することにあります．低くすぎる閾値を設定すると，多数の応答値が閾値を超え，有用な結果を得る前にメカニズムが終了してしまいます．

閾値メカニズムの性質を考察します．まず閾値メカニズムの有用性基準として，**(α, β)-正確**を導入します．

定義 8.10 （(α, β)-正確）

クエリ $q_1, q_2, \ldots, q_k$ に対するメカニズムの出力の列を $y_1, y_2, \ldots, \in \{\text{true}, \text{false}\}^*$ とします．このとき，確率 $1 - \beta$ で，アルゴリズムが q_k に対する応答を出力する前に終了せず，また $y_i = \text{true}$ となるような q_i については

$$q_i(D) \geq \theta - \alpha$$

が成り立ち，また $y_i = \text{false}$ となるような q_i については

$$q_i(D) \leq \theta + \alpha$$

が成り立つならば，メカニズムは **(α, β)-正確**であるといいます．

この基準は，判定における閾値の誤差が，出力が true か false かにかかわらず，確率 $1 - \beta$ で高々 α に抑えられることを示しています．この有用性基準に基づいて，閾値メカニズムの差分プライバシーと有用性は以下のように求められています．

定理 8.11（閾値メカニズムの差分プライバシーと有用性 [9]）

閾値メカニズムは (ϵ, δ) 差分プライバシーを保証します．また，$L(\theta) = |\{i|q_i(D) \geq \theta - \alpha\}| \leq c$ であるようなクエリ列 $q_1, q_2, \ldots, q_k$ について，閾値メカニズムは (α, β)-正確です．ここで，以下が成り立ちます．

$$\alpha = \frac{(\ln k + \ln \frac{2c}{\beta})\sqrt{512c \ln \frac{1}{\delta}}}{\epsilon}$$

証明は文献 [9] を参照してください．定理 8.11 によれば，閾値の誤差は問い合わせるクエリの数にかかわらず，はじめに決めたカットオフのみに依存していることがわかります．このことは，極めて多数のクエリの問い合わせにおいても，その閾値を超えると予想される出力の数が少数であれば，有用性の高い結果を得られることを示唆しています．

統計的検定の例に戻れば，対象となる SNP が数十万個あろうとも，肺がんと関連の強い SNP がごく少数しか存在せず，それを適切な閾値によって絞り込めるのであれば，判定における閾値に現れる誤差は，対象とする SNP 数には依存しないことから，有用性の高い結果を得られることが期待できます．

Chapter 9

差分プライバシーと機械学習

機械学習は多数の事例から統計的モデルを構築し，そのモデルを用いて将来の事例について予測を与える枠組みです．個人のデータから学習されたモデルを外部公開したときに，そのモデルから個人のデータが推定されるリスクはどの程度あるのでしょうか? 本章では，機械学習によって学習された統計モデルの公開における差分プライバシーの保証について考察します．訓練事例を個人データ，統計モデルを統計量と捉えれば，機械学習による統計モデリングも差分プライバシーの枠組みで安全性を保証することができます．特に，経験損失最小化の枠組みにおいて差分プライバシーを達成する2つのメカニズムと，その期待損失のサンプル複雑度について議論します．

9.1 経験損失最小化

9.1.1 経験損失最小化による教師あり学習

機械学習において，学習に用いるデータを**事例**と呼びます． 特に教師あり学習では事例は**特徴ベクトル**と**目標値**の組からなります．教師あり学習の目標は，多数の目標値をもつ事例（**訓練事例**）をもとに，特徴ベクトルから目標値を予測する統計モデルを構築することです．

たとえば，教師あり学習を用いたスパムメールフィルタリングにおいては，

「メールの文面」が事例,「スパムメールか否か」が目標値であり, 統計モデルはメールの文面を入力にとり, そのメールがスパムか否かを予測する関数です.

訓練事例とは別に, 学習されたモデルの評価に用いる事例集合を**テスト事例**と呼びます. テスト事例はモデルの学習には用いず, 学習されたモデルの予測精度の評価にのみ用いる事例です.

特徴ベクトル空間を $\mathcal{X}$, 目標空間を $\mathcal{Y}$ とします. 訓練事例は特徴ベクトル $\boldsymbol{x} \in \mathcal{X}$ と目標値 $y \in \mathcal{Y}$ の組み $(\boldsymbol{x}, y)$ からなります. 訓練事例集合を $D = \{(\boldsymbol{x}_i, y_i) \in \mathcal{X} \times \mathcal{Y} | i = 1, 2, \ldots, n\}$ と書くことにします. 訓練事例は, データ生成分布 ρ から**独立同一分布**によって生成されたものと仮定します.

モデルは, $f : \mathcal{X} \to \mathcal{Y}$ で定義されます. モデルによる目標値の予測を $\hat{y} = f(\boldsymbol{x})$ と書きます. ここでは, 簡単のため予測モデルを線形モデルに限定します. モデルパラメータを $\boldsymbol{w} \in \mathcal{W}$ とすると, 線形モデルによる目標値の予測は $\hat{y} = f(\boldsymbol{x}) = \boldsymbol{w}^T \boldsymbol{x}$ と表せます.

教師あり学習のモデルを求めるために, **経験損失最小化**と呼ばれる枠組みが広く用いられています. 経験損失最小化とは, 与えられた訓練事例集合について,「予測の誤差」を経験的に最も小さくするようなモデルが優れたモデルであると見なす枠組みです.

この予測誤差は損失関数によって評価されます. **損失関数**の定義には予測の目的に応じてさまざまなものが使われます. 予測出力が連続値である場合には**二乗損失** $\ell_{\mathrm{sq}}(y, \hat{y})$ がよく使われます.

$$\ell_{\mathrm{sq}}(y, \hat{y}) = (y - \hat{y})^2 \tag{9.1}$$

二乗損失を損失関数とした経験損失最小化は回帰モデルの学習に用いられます.

その他にも, **ロジスティック損失**や**ヒンジ損失**などがよく用いられます. ロジスティック損失は予測が確率値であるロジスティック回帰に, ヒンジ損失は分類学習のためのサポートベクトルマシンの学習に用いられます. 以降では, 一般の損失関数 $\ell : \mathcal{Y} \times \mathcal{Y} \to \mathbb{R}$ において議論を進めます.

モデル $\boldsymbol{w}$ の訓練事例集合における経験的な損失の期待値を**経験損失** $J_{\mathrm{emp}}(\boldsymbol{w}, D)$ と呼びます.

$$J_{\mathrm{emp}}(\boldsymbol{w}, D) = \frac{1}{n} \sum_{(\boldsymbol{x},y)\in D} \ell(y, \boldsymbol{w}^T \boldsymbol{x}) \tag{9.2}$$

経験損失最小化では，経験損失を最小にするモデル $\boldsymbol{w}^*$ が「よい」予測モデルであると考えます．

$$\boldsymbol{w}^* = \underset{\boldsymbol{w}\in\mathcal{W}}{\operatorname{argmin}} \frac{1}{n} \sum_{(\boldsymbol{x},\ y)\in D} \ell(y,\ \boldsymbol{w}^T \boldsymbol{x}) \tag{9.3}$$

9.1.2 汎化損失

はじめに定義したとおり，すべての事例は事例の生成分布 ρ のサンプルです．経験損失最小化によって求められたモデルは，目標値をもつ訓練事例集合における経験損失を最小化するように求めていますから，訓練事例の目標値を精度よく予測するのはある意味当たり前です．しかし経験損失最小化によって求められたモデルが，ρ から生成された訓練事例以外の事例について常に「よい」予測を与えるかどうかは自明ではありません．モデルが訓練事例に過適合している可能性があるからです（これを過学習と呼びます）．したがって，モデルの「よさ」は，特定の訓練事例についてではなく，事例を生成した生成分布について評価する必要があります．これを**汎化損失** $J(\boldsymbol{w})$ と呼びます．

$$J(\boldsymbol{w}) = \int_{(\boldsymbol{x},\ y)\sim\rho} \ell(y,\ \boldsymbol{w}^T \boldsymbol{x}) d\rho \tag{9.4}$$

ある適切な条件の下では，十分大きい n について，経験損失と汎化損失の差が十分小さい値に抑えられることが知られています．このことから経験損失最小化に基づいて予測モデルを求めることには，理論上の合理性があります．

9.1.3 正則化

モデルの表現力が高い場合には，モデルが訓練事例に過適合しやすくなります．そのため，学習によって得たモデルが複雑すぎる場合，大きい汎化損失をもつ恐れがあります．そこで経験損失を最小化すると同時に，モデルの複雑さが高くなりすぎないように目的関数を設計する場合があります．モデルの複雑さを評価する関数（これを**正則化項**と呼びます）を $\mathrm{Reg} : \mathcal{W} \to \mathbb{R}^+$

とすると，正則化項をペナルティー項とした経験損失は以下のように与えられます．

$$J_{\mathrm{reg}}(\boldsymbol{w},\ D) = \frac{1}{n}\sum_{(\boldsymbol{x},\ y)\in D} \ell(y,\ \boldsymbol{w}^T\boldsymbol{x}) + \frac{\lambda}{n}\mathrm{Reg}(\boldsymbol{w}) \tag{9.5}$$

第一項は経験損失を表す項です．第二項はモデルの複雑さを表す正則化項です．この目的関数においては，第一項の予測誤差が小さくても第二項の複雑さが大きいモデルは最終的なモデルとしては選ばれません．予測誤差も複雑さもほどほどに小さいモデルが最適化の結果として選択されます．経験損失項と正則化項のバランスは，**正則化パラメータ** λ によって調整することができます．

正則化項には，モデルパラメータの ℓ_2 ノルム $\|\boldsymbol{w}\|_2$ や ℓ_1 ノルム $\|\boldsymbol{w}\|_1$ がよく用いられます．この目的関数による学習を**正則化経験損失最小化**と呼びます．

9.2 経験損失最小化における差分プライバシー

訓練事例集合をデータベース D，訓練事例集合から求めた経験損失最小化をクエリ q，求めたモデル $\boldsymbol{w}$ を出力と考えれば，経験損失最小化による教師あり学習はクエリとその応答として以下のように定式化できます．

$$\boldsymbol{w} = q_{\mathrm{ERM}}(D)$$

このクエリに対するメカニズム m は以下のように定義できます．

$$\boldsymbol{w} = m(q_{\mathrm{ERM}}, D)$$

このとき，経験損失最小化におけるこのメカニズムは，以下の式を満たすとき差分プライバシーを保証します．

$$\forall D \sim D', D, D' \in (\mathcal{X}\times\mathcal{Y})^n, \forall S \in \mathcal{W}, \frac{\Pr(m(D)\in S)}{\Pr(m(D')\in S)} \le \exp(\epsilon)$$

ここで，$D \sim D'$ は隣接する事例集合のペアです．D および D' はともに n 個の事例をもち，そのうち 1 つの事例のみが異なります．n 番目の事例だけが異なると考えても一般性は失われませんので，D および D' は，ともに事

例 $\{(\boldsymbol{x}_i, y_i)\}_{i=1}^{n-1}$ を共有し，D は n 番目の事例として $(\boldsymbol{x}_n, y_n)$ を，D' は n 番目の事例として $(\boldsymbol{x}'_n, y'_n)$ をもつものとします．

本章では，経験損失最小化による教師あり学習と差分プライバシーの関係を議論します．ここでは，目標値は 2 値 $\mathcal{Y} = \{-1, 1\}$，事例は $\mathcal{X} = \{\boldsymbol{x} \in \mathbb{R}^d | \|\boldsymbol{x}\| \leq 1\}$ とします．つまり，$\mathcal{X}$ は半径 1 の単位球です．さらに損失関数が凸関数かつ微分可能で，その勾配は $|\ell'(z)| \leq 1$ であると仮定します．また目的関数が**強凸性**を満たすことを仮定します．強凸性の性質は後に定義します．

このような性質をもつ目的関数には，正則化ロジスティック回帰や Huber 損失に基づくサポートベクトルマシンがありますが，一般の二乗損失に基づく予測モデルやヒンジ損失に基づくサポートベクトルマシンは含みません．微分不可能な項を含む目的関数や勾配に上限がない目的関数における差分プライバシーの議論は理論上複雑になるため本書では紹介しませんが，本章で導く結果の拡張により類似した結果が報告されています [17,19]．

9.2.1 差分プライバシーを保証した経験損失最小化の有用性

差分プライバシーを保証した経験損失最小化の目的は，出力モデルが ϵ-差分プライバシーを保証することを制約とし，なるべく有用なモデルを生成するメカニズムを設計することにあります．

差分プライバシーを保証したモデルの有用性は，そのモデルの期待損失が，差分プライバシーを保証しない場合と比べて，どの程度異なるのかによって評価することができます．差分プライバシーを考慮しない式 (9.5) による経験損失最小化によって得たモデルを $\boldsymbol{w}^*$ とします．また差分プライバシーを保証したメカニズムによって得たモデルを $\tilde{\boldsymbol{w}}^*$ とします．このとき，両者の経験損失の差の期待値は以下の式によって評価されます．

$$\mathrm{E}\left[J_{\mathrm{emp}}(\boldsymbol{w}^*, D) - J_{\mathrm{emp}}(\tilde{\boldsymbol{w}}^*, D)\right] \tag{9.6}$$

ここでの期待値は，訓練事例集合の生成におけるランダムネスとメカニズムのランダムネスに関する期待値です．メカニズムの有用性はこの期待損失の差によって評価することができます．

もし $\lim_{n\to\infty} \mathrm{E}\left[J_{\mathrm{emp}}(\boldsymbol{w}^*, D) - J_{\mathrm{emp}}(\tilde{\boldsymbol{w}}^*, D)\right] = 0$ が成り立つならば，多数のサンプルを利用した学習においてプライバシー保護は有用性を損なわな

いことがわかります．また，この差の n ついての収束速度（**サンプル複雑度**）は有用性指標として重要です．たとえば $\mathrm{E}\left[J_{\mathrm{emp}}(\boldsymbol{w}^*, D) - J_{\mathrm{emp}}(\tilde{\boldsymbol{w}}^*, D)\right] \in O(1/\sqrt{n})$ ならば，この差を 1/10 にするためには，100 倍の事例数が必要であることがわかります．

9.3 出力摂動法による差分プライバシーの保証

（正則化）経験損失最小化では，式 (9.5) で定義される目的関数の最小値によってモデルを求めます．8 章では公開の対象とする統計量の敏感度を評価し，統計量にこれに応じたノイズを加えることで差分プライバシーを保証するラプラスメカニズムやガウシアンメカニズムを導入しました．経験損失最小化によって求めたモデルについても，敏感度評価に基づくランダム化によって差分プライバシーが保証できることを示します．まず，対象とする目的関数の性質として，強凸性を定義します．

9.3.1 強凸性

関数 h が凸であることは，すべての $\alpha \in (0,1)$ および $x, y \in \mathcal{C}$ について，以下が成り立つことと同値です．

$$h(\alpha x + (1-\alpha)) < \alpha h(x) + (1-\alpha)h(y) \tag{9.7}$$

ただし，$\mathcal{C}$ は実ベクトル空間における凸集合です．本章で扱う損失関数や正則化項はいずれも凸関数です．凸関数の和は凸関数ですから，正則化経験損失も凸関数となります．

関数 h が **λ-強凸性**をもつとは，同様にして以下のように表されます．

$$h(\alpha x + (1-\alpha)y) \leq \alpha h(x) + (1-\alpha)h(y) - \frac{1}{2}\lambda\alpha(1-\alpha)\|x-y\|^2 \tag{9.8}$$

ℓ_2 ノルム正則化項は 1-強凸性をもつ関数です．よって，凸である損失関数によって定義される目的関数が正則化パラメータ λ の ℓ_2 ノルム正則化項を含む場合，目的関数は λ-強凸性をもちます．

λ-強凸性をもつ関数 h は，$x, y \in \mathcal{C}$ について，以下が成り立つことが知られています [30]．

$$(\nabla h(x) - \nabla h(y))^T (x - y) \geq \lambda \|x - y\|^2 \tag{9.9}$$

後の敏感度の導出に，この性質 (9.9) を用います．

9.3.2 正則化経験損失の目的関数の敏感度

正則化経験損失最小化によって求めたモデルに，ノイズを加えることによって差分プライバシーを守る方法を**出力摂動法**と呼びます．出力摂動法は8章で導入した敏感度によって定義される加法的ノイズによって実現することができます．

式 (9.5) で与えられる正則化経験損失最小化において，特に ℓ_2 ノルム正則化項を用いた場合の目的関数の性質を検討します．ここでは，正則化経験損失の目的関数の敏感度を導出します．

隣接する事例集合 $D \sim D'$ について，正則化経験損失最小化によって求まるモデルの敏感度は，以下のように定義されます．

$$\Delta_{\mathrm{RERM}} = \max_{D \sim D'} \|\boldsymbol{w}^* - \boldsymbol{w}^{*\prime}\|$$

ただし，

$$\begin{aligned}
\boldsymbol{w}^* &= \operatorname*{argmin}_{\boldsymbol{w} \in \mathcal{W}} J_{\mathrm{reg}}(\boldsymbol{w}, D) \\
\boldsymbol{w}'^* &= \operatorname*{argmin}_{\boldsymbol{w} \in \mathcal{W}} J_{\mathrm{reg}}(\boldsymbol{w}, D')
\end{aligned}$$

とします．このモデルの敏感度は，以下のように求まります．

定理 9.1（ℓ_2 正則化経験損失最小化によるモデルの敏感度）

式 (9.5) を目的関数にもつ教師あり学習において，特徴ベクトルを $\|\boldsymbol{x}\| \leq 1$，目標値を $\{-1, 1\} = \mathcal{Y}$，$|D| = n$ とします．すべての z について損失関数 $\ell(z)$ は凸関数かつ微分可能で，$|\ell'(z)| \leq 1$ とします．また目的関数は強凸性を満たすものとします．このとき，式 (9.5) の最適解の ℓ_2 敏感度は，以下のようになります．

$$\max_{D \sim D'} \|\boldsymbol{w}^* - \boldsymbol{w}^{*\prime}\| \leq \frac{2}{n\lambda} \tag{9.10}$$

敏感度を導いてみましょう．2 つの経験損失の差を

$$J_{\text{reg}}(\boldsymbol{w}^*, D) - J_{\text{reg}}(\boldsymbol{w}^*, D') = J_{\text{diff}}(\boldsymbol{w}^*) = \frac{1}{n}\{\ell(y_n, \hat{y}_n) - \ell(y'_n, \hat{y'}_n)\}$$

とおくと，その勾配は，以下のように抑えられます．

$$\begin{aligned}\|\nabla J_{\text{diff}}(\boldsymbol{w}^*)\| &= \frac{1}{n}\|y_n \ell'(y_n, (\boldsymbol{w}^*)^T \boldsymbol{x}_n)\boldsymbol{x}_n - y_n \ell'(y_n, (\boldsymbol{w}^*)^T \boldsymbol{x}'_n)\boldsymbol{x}'_n\| \\ &\leq \frac{1}{n}\|\boldsymbol{x}_n - \boldsymbol{x}'_n\| \leq \frac{2}{n}\end{aligned} \tag{9.11}$$

$J_{\text{reg}}(\boldsymbol{w}^*, D)$ は，$\boldsymbol{w}^*$ で最小値をとりますから，

$$\nabla J_{\text{reg}}(\boldsymbol{w}^*, D) = 0 \tag{9.12}$$

が成り立ちます．同様に，$J_{\text{reg}}(\boldsymbol{w}'^*, D')$ は，$\boldsymbol{w}'^*$ で最小値をとりますから，

$$\nabla J_{\text{reg}}(\boldsymbol{w}'^*, D') = \nabla J_{\text{reg}}(\boldsymbol{w}'^*, D) + \nabla J_{\text{diff}}(\boldsymbol{w}'^*) = 0 \tag{9.13}$$

が成り立ちます．よって，

$$\nabla J_{\text{reg}}(\boldsymbol{w}^*, D) = \nabla J_{\text{reg}}(\boldsymbol{w}'^*, D) + \nabla J_{\text{diff}}(\boldsymbol{w}'^*) = 0 \tag{9.14}$$

が成り立ちます．

J_{reg} は正則化パラメータ λ について λ-強凸性をもちますから，式 (9.9) より

$$(\nabla J_{\text{reg}}(\boldsymbol{w}^*, D) - \nabla J_{\text{reg}}(\boldsymbol{w}'^*, D))^T(\boldsymbol{w}^* - \boldsymbol{w}'^*) \geq \lambda\|\boldsymbol{w}^* - \boldsymbol{w}'^*\|^2 \quad (9.15)$$

が成り立ちます．これと式 (9.14) より，以下を得ます．

$$\|\nabla J_{\text{diff}}(\boldsymbol{w}'^*)\|\|\boldsymbol{w}^* - \boldsymbol{w}'^*\| \geq \nabla J_{\text{diff}}(\boldsymbol{w}'^*)^T(\boldsymbol{w}^* - \boldsymbol{w}'^*) = \text{式 (9.15) 右辺}$$

上式の両辺を $\lambda\|\boldsymbol{w}^* - \boldsymbol{w}'^*\|$ で割ると，

$$\|\boldsymbol{w}^* - \boldsymbol{w}'^*\| \leq \frac{1}{\lambda}\|\nabla J_{\text{diff}}(\boldsymbol{w}'^*)\| \leq \frac{2}{\lambda n} \quad (9.16)$$

となります．最後の不等式では式 (9.11) を用いました．このバウンドは任意の隣接する D, D' で成り立ちますから，ℓ_2 ノルム正則化経験損失最小化によるモデルの敏感度は $\frac{2}{\lambda n}$ となります．

9.3.3 正則化経験損失における出力摂動法の差分プライバシー

前節で導出したこの敏感度は，直ちにラプラスメカニズムに類似したランダム化のメカニズムを与えます（**アルゴリズム 9.1**）．

アルゴリズム 9.1 正則化経験損失最小化の出力摂動法

入力. 事例集合 D，プライバシーパラメータ ϵ，正則化パラメータ λ
出力. $\tilde{\boldsymbol{w}}^*$
1. 式 (9.5) の解 $\boldsymbol{w}^*$ を得る
2. 確率密度分布 $\nu(\boldsymbol{w}) = \frac{1}{\alpha}e^{-\beta\|\boldsymbol{w}\|}$ から乱数 $\boldsymbol{b}$ を得る．ここで，$\beta = \frac{n\lambda\epsilon}{2}$ とする
3. $\tilde{\boldsymbol{w}}^* = \boldsymbol{w}^* + \boldsymbol{b}$ を出力

この**出力摂動法**が差分プライバシーを満たすことは，以下の定理から示されます．

定理 9.2（出力摂動法の差分プライバシー [6]）

定理 9.1 の条件において，出力摂動法によって生成されたモデルは ϵ 差分プライバシーを満たす．

定理 9.2 を証明してみましょう．訓練事例集合 D における式 (9.5) の解を $\boldsymbol{w}^*$ とし，これを出力摂動法によって摂動し，$\tilde{\boldsymbol{w}}^* = \boldsymbol{w}^* + \boldsymbol{b}$ を得たとします．同様に，$D \sim D'$ であるような訓練事例集合 D' における式 (9.5) の解を $\boldsymbol{w}'^*$ とし，これを出力摂動法によって摂動し $\tilde{\boldsymbol{w}}^* = \boldsymbol{w}'^* + \boldsymbol{b}'$ を得たとします．事例集合 D および事例集合 D' が出力摂動法を通じて $\tilde{\boldsymbol{w}}^*$ を出力する確率比は，以下のように与えられます．

$$\frac{\Pr(\tilde{\boldsymbol{w}}^*|D)}{\Pr(\tilde{\boldsymbol{w}}^*|D')} = \frac{\nu(\boldsymbol{b})}{\nu(\boldsymbol{b}')} = \exp\left\{-\frac{n\lambda\epsilon}{2}\left(\|\boldsymbol{b}\| - \|\boldsymbol{b}'\|\right)\right\} \tag{9.17}$$

$\boldsymbol{w}^* - \boldsymbol{w}'^* = \boldsymbol{b} - \boldsymbol{b}'$ が成り立ちますから，

$$\|\boldsymbol{b}\| - \|\boldsymbol{b}'\| \le \|\boldsymbol{b} - \boldsymbol{b}'\| = \|\boldsymbol{w}^* - \boldsymbol{w}'^*\| \le \frac{2}{n\lambda} \tag{9.18}$$

を得ます．最後の不等式は式 (9.16) によります．よって任意の $D \sim D'$ および任意の $\tilde{\boldsymbol{w}}^*$ において，その確率比は

$$\begin{aligned}
&\frac{\Pr(\tilde{\boldsymbol{w}}^*|D)}{\Pr(\tilde{\boldsymbol{w}}^*|D')} \le \exp\left\{-\frac{n\lambda\epsilon}{2}\frac{2}{n\lambda}\right\} = \exp\{-\epsilon\} \\
\Longleftrightarrow\ &\frac{\Pr(\tilde{\boldsymbol{w}}^*|D')}{\Pr(\tilde{\boldsymbol{w}}^*|D)} \le \exp(\epsilon)
\end{aligned} \tag{9.19}$$

でバウンドされます．D と D' の対称性から

$$\frac{\Pr(\tilde{\boldsymbol{w}}^*|D)}{\Pr(\tilde{\boldsymbol{w}}^*|D')} \le \exp(\epsilon) \tag{9.20}$$

も同様に成り立ち，出力摂動法によって生成されたモデルは ϵ-差分プライバシーを満たすことがわかります．

9.3.4 正則化経験損失における出力摂動法の有用性解析

差分プライバシーを保証したモデルの有用性を，差分プライバシーを保証

した場合としない場合における期待損失の差によって評価します．出力摂動法によって得たモデルにおける，この経験損失の期待値の差は以下の定理によって与えられます．

定理 9.3（出力摂動法の期待損失 [6]）

特徴ベクトルの次元数を d とします．定理 9.1 の条件において，出力摂動法によって生成されたモデルの経験損失と真の経験損失の差は

$$\mathrm{E}\left[J_{\mathrm{emp}}(\boldsymbol{w}^*, D) - J_{\mathrm{emp}}(\tilde{\boldsymbol{w}}^*, D)\right] \in O\left(\frac{d\log d}{\epsilon n^{2/3}}\right) \tag{9.21}$$

となります．

証明は文献 [6] を参照してください．定理 9.3 より，事例数 n について，差分プライバシーを保証した経験損失は $O(n^{-2/3})$ の速度で差分プライバシーを保証しない経験損失に収束することがわかります．

9.4　目的関数摂動法による差分プライバシーの保証

9.4.1　正則化経験損失における目的関数摂動法

出力関数摂動法では，正則化経験損失最小化によって求めたモデルパラメータにランダムなノイズを加えることで差分プライバシーを達成していました．ここでは，目的関数にランダムな摂動項を加えることで差分プライバシーを達成する**目的関数摂動法**を紹介します．目的関数摂動法では，求まったモデルを乱数によりランダム化するのではなく，正則化経験損失最小化の目的関数にランダムなベクトルを係数にもつ線形項を導入し，ランダム化された目的関数を最小化して得たモデルパラメータが，結果として差分プライバシーを満たすようにモデルを学習する方法です．

目的関数摂動法では，出力摂動法に比べ，損失関数により強い仮定を必要とします．具体的には，損失関数 ℓ は微分可能な凸関数で，すべての z について $|\ell'(z)| \leq 1$，$|\ell''(z)| \leq c$ を仮定します．ロジスティック損失や Huber 損失はいずれもこの仮定を満たします．目的関数摂動法の**アルゴリズム 9.2** を以下に示します．

アルゴリズム 9.2 正則化経験損失最小化の目的関数摂動法

入力. 事例集合 D, プライバシーパラメータ ϵ, 正則化パラメータ λ, 損失関数の 2 階微分の上限 c

出力. $\tilde{\boldsymbol{w}}^*$

1. $\epsilon' = \epsilon - \log\left(1 + \frac{2c}{n\lambda} + \frac{c^2}{n^2\lambda^2}\right)$
2. もし $\epsilon' > 0$ ならば, $\Delta = 0$ とする. そうでなければ, $\Delta = \frac{c}{n(e^{\epsilon/4}-1)} - \lambda$ とする
3. 確率密度分布 $\nu(\boldsymbol{b}) = \frac{1}{\alpha}e^{-\beta\|\boldsymbol{b}\|}$ から乱数 $\boldsymbol{b}$ を得る. ここで, $\beta = \frac{\epsilon'}{2}$ とする. α は正規化パラメータである
4. 以下の最適化問題を解き, その結果を出力する

$$\tilde{\boldsymbol{w}}^* = \underset{\boldsymbol{w}}{\operatorname{argmin}}\, J_{\mathrm{emp}}(\boldsymbol{w}, D) + \frac{1}{n}\boldsymbol{b}^T\boldsymbol{w} + \left(\frac{1}{2}\Delta + \lambda\right)\mathrm{Reg}(\boldsymbol{w}) \tag{9.22}$$

式 (9.22) の第二項がランダム摂動項に相当します.

9.4.2 正則化経験損失における目的摂動法の差分プライバシー

この目的関数摂動法が差分プライバシーを満たすことは, 以下の定理から示されます.

定理 9.4 (目的関数摂動法の差分プライバシー [6])

正則化項 Reg が 2 階微分可能かつ 1-強凸性をもち, 損失関数 ℓ が微分可能な凸関数で, すべての z について $|\ell'(z)| \leq 1$, $|\ell''(z)| \leq c$ を満たすならば, 目的関数摂動法によって生成されたモデルは ϵ-差分プライバシーを満たします.

定理 9.4 の証明は文献 [6] にゆずり, ここでは直感的な説明にとどめます.

まず，目的関数の凸性から，式 (9.22) の第二項の乱数係数 $\boldsymbol{b}$ と，これを用いて得たモデルパラメータ $\tilde{\boldsymbol{w}}^*$ の間には一対一の対応関係があります．したがって，差分プライバシーの保証は $\boldsymbol{w}$ から $\boldsymbol{b}$ への写像*1 に従う確率変数の変換によって，以下の条件に書き換えられます．

$$\frac{\Pr(\tilde{\boldsymbol{w}}^*|D)}{\Pr(\tilde{\boldsymbol{w}}^*|D')} = \frac{\nu(\boldsymbol{b})}{\nu(\boldsymbol{b}')} \frac{|\det(\boldsymbol{H}(\boldsymbol{w} \to \boldsymbol{b}|D))|^{-1}}{|\det(\boldsymbol{H}(\boldsymbol{w} \to \boldsymbol{b}'|D'))|^{-1}} \leq \exp(\epsilon) \qquad (9.23)$$

ここで，$\boldsymbol{H}(\boldsymbol{w} \to \boldsymbol{b}|D)$ は $\boldsymbol{w}$ から $\boldsymbol{b}$ への写像のヤコビ行列です．摂動係数の密度比の項と，ヤコビ行列の行列式の比の項をそれぞれ強凸性と 2 階微分の上限を用いて抑えることで，式 (9.23) が任意の隣接事例集合とモデルパラメータにおいて成り立つことが示されます．

9.4.3　正則化経験損失における目的摂動法の有用性解析

出力摂動法を用いて ϵ-差分プライバシーを保証した場合，期待損失の誤差のサンプル複雑度は $O(\frac{d \log d}{\epsilon n^{2/3}})$ でした．一方，目的関数摂動法を用いた場合，期待損失の誤差のサンプル複雑度は $O(\frac{d \log d}{\epsilon n})$ であることが示されています [6]．したがって同等のプライバシー保証の下，有用性の観点からは目的関数摂動法の方が優れているといえます．また損失関数にさらに強い仮定をおくことで，目的関数摂動法において，(ϵ, δ) 差分プライバシーを保証しつつ，期待損失の誤差のサンプル複雑度 $O(\frac{\sqrt{d}}{\epsilon n})$ に改善できることが報告されています [19]．

出力摂動法や文献 [6] における目的関数摂動法は $(\epsilon, 0)$ 差分プライバシーを保証しています．一方，文献 [19] における目的関数摂動法の保証は $\delta > 0$ において (ϵ, δ) 差分プライバシーになります．プライバシーの観点からは，前者の方がより厳密な保証を与えているといえます．いずれの場合も期待損失の差は事例の次元数 d に依存していますが，事例の次元数に依存しない解析結果も文献 [17] によって示されています．

---

*1　この変換は式 (9.22) の $\boldsymbol{w}$ についての勾配が，$\tilde{\boldsymbol{w}}^*$ において 0 であることから求まります．

Chapter 10

秘密計算の定式化と安全性

秘密計算とは複数のパーティーが秘密情報をもつときに，それらを互いに共有することなく，あらかじめ定められた関数をその入力を用いて評価し出力を得る計算技法です．秘密計算の実現にはいくつかの実現方法が知られており，それぞれ特徴が異なります．本章では，識別不可能性の観点から秘密計算の安全性について形式的な定義を与え，後の章で導入する個別の秘密計算の方式を議論するために必要な安全性の概念を導入します．また，それぞれの手法の特徴についても概観します．

10.1 秘密計算

データ公開や統計量公開の問題では，データ収集者がデータベーステーブルや統計量など何らかの情報を公開したときに，その情報を手にした攻撃者が，入力について何を推測できるのかを検討し，またどのようにすればその推測の範囲を制限できるのかを議論してきました．これらの問題では，データ収集者は秘密の情報をもち，攻撃者はもたないという非対称性がありました．

マルチパーティー秘密計算とは，これらの問題とは異なり，複数の者が秘密情報をもちより，自分の秘密情報を他者に知らせることなく，対等な立場で計算を行いその計算結果のみを得る計算技法です．秘密計算において秘密情報を保持し計算に参加する者を**パーティー**と呼びます．各パーティーは自身の情報を他のパーティーには見せることができません．ただし各パーティーは，各パーティーの情報を入力にとる何らかの関数について，パーティー同士で互いに協力してその関数を評価する動機があるものとします．

10.1.1 マルチパーティー秘密計算

マルチパーティー秘密計算を実行する複数のパーティー間でのやり取りの手順を**マルチパーティープロトコル**と呼びます．ここでは，以下のような状況を考えます（以下では簡単のためパーティーが 2 つのケースを挙げます）．

- データ所有者 A とデータ所有者 B はそれぞれ秘密情報を保持しており，データのプライバシー保護のために互いに情報を共有できない．
- しかし，データ所有者 A とデータ所有者 B は互いに協力して両者の情報を結合した情報について，データ解析を実施し，その結果のみをどちらかのデータ所有者（あるいは両方のデータ所有者）が得たい．

以下に，2 つの秘密計算の事例を挙げます．

例 10.1 （喫煙歴と心筋梗塞の疫学調査）

医療保険会社が個人属性データ（表 3.1）を保持しているとします．またある物販会社が購買データ（利用者マスタ（表 3.2）および購買履歴（表 3.3））を保持しているとします．両者は定期的に喫煙する人としない人の間で，心筋梗塞の罹患率に有意な差はあるのかという疫学調査を実施したいと考えています．このような疫学調査を実施するためには，各個人について喫煙歴があるか否かと，心筋梗塞に罹患したか否かを知る必要があります．医療保険会社の個人属性データからは心筋梗塞に罹患したか否かを知ることができます．物販会社の購買データからはタバコの購買履歴を用いて喫煙歴を知ることができます．しかし，両者とも顧客のプライバシー保護のために自身のデータを相手に公開することはできません．互いにデータを明かさずに，疫学調査を行うにはどのようにすればよいでしょうか．

例 10.2 (購買履歴と Web 閲覧履歴に基づくオンライン広告)

オンライン広告の例を考えます．Web 検索会社はさまざまなユーザーによる Web ページの閲覧履歴を保持していますが，そのユーザーの購買履歴は保持していません．またオンライン物販会社はさまざまなユーザーの購買履歴は保持していますが，そのユーザーの Web 閲覧履歴は保持していません．もし両者のデータを連結し，特定の Web ページを閲覧する人物が頻繁に購入する物品をリストアップすることができれば，その Web ページの閲覧者にその物品の Web 広告を出すことで，高いクリック率が期待できます．しかし，両者とも顧客のプライバシー保護のために自身のデータを相手に公開することはできません．互いにデータを明かさずに購買履歴と Web 閲覧履歴に基づく効率的なオンライン広告を実現するにはどのようにすればよいでしょうか．

オンライン広告の事例について詳しく検討します．一見，Web 検索会社からオンライン物販会社へ，個人が特定できないように加工された仮名化データや匿名化データを提供することで目的は達成されるように思えます．しかし仮名化や匿名化されたデータから，「特定 Web ページを閲覧する人物が頻繁に購入する物品」を求めることはできません．仮名化・匿名化された Web 閲覧履歴データは，特定の人物が識別できないように加工されていますから，あるユーザーの物販会社のレコードと，そのユーザーの Web 閲覧履歴データを連結することができないためです[*1]．

Web 検索会社やオンライン物販会社は互いに個別の個人に関するデータそのものに興味が有るわけではなく，統計的な傾向を表す情報として「特定 Web ページを閲覧する人物が頻繁に購入する物品リスト」に興味があるわけですから，情報を共有することなくこのリストを計算し取得することができればプライバシー上の問題は起こりません．Web 検索会社および物販会社が協力して「特定 Web ページを閲覧する人物が頻繁に購入する物品リスト」を計算しつつ，互いに自分の情報を相手に明かさないことが，この事例にお

*1 技術的な問題とは別に，日本の個人情報保護法における匿名加工情報の場合は，匿名加工情報を個人が特定できる別の情報に結び付けることを禁止しています．

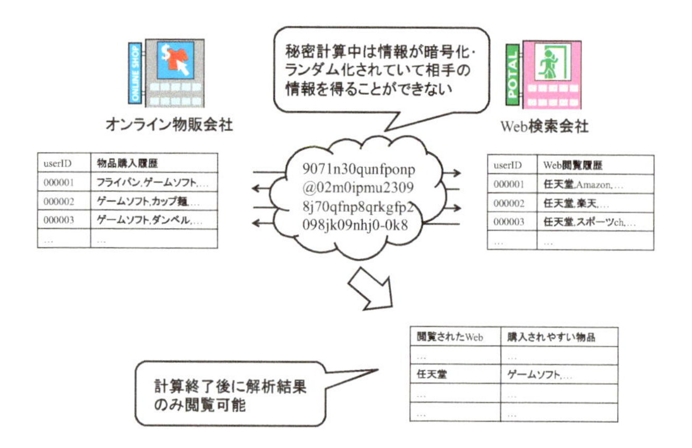

図 10.1 秘密計算による購買履歴と Web 閲覧履歴に基づくオンライン広告.

ける秘密計算の目標になります（図 **10.1**）*2.

10.1.2 アウトソーシング型秘密計算

アウトソーシング型秘密計算プロトコルでは以下のような状況を考えます.

- データ収集者は大量の秘密情報を保持しており，それを用いてデータ解析を行いたいが，データ解析を行うためのノウハウや計算資源がない.
- サーバはデータ解析を行うためのノウハウや計算資源をもつが，プライバシー保護のためデータ収集者から秘密情報を受け取ることができない.

ここで，データ収集者は単独でも複数でもかまいません.

オンライン広告の事例の場合，Web 検索会社および物販会社が外部のクラ

*2 計算結果として得たリスト自体から何らかの個人の情報が推定されるリスクは残ります．これは，差分プライバシーにおいて議論した「統計量の公開」におけるプライバシー保護の問題です．秘密計算は計算の過程における情報の漏洩を防ぐことを目的とした技術であり，計算結果からの情報漏洩を防ぐことを目的とした技術ではありません．計算の過程における情報の漏洩と計算結果からの秘密情報の推測は，通常個別に議論されます．両方のリスクに対応するには，秘密計算と差分プライバシーの両方の技術を組み合わせる必要があります.

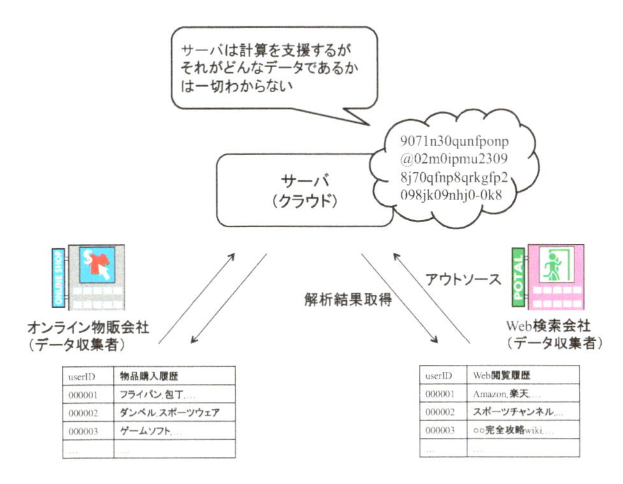

図 10.2 アウトソーシング型秘密計算.

ウド事業者にすべてのデータの保管を委託し，クラウド事業者に「特定Webページを閲覧する人物が頻繁に購入する物品リスト」を計算させつつ，クラウド事業者には情報の内容を一切見せないことがアウトソーシング型秘密計算の目標になります（**図 10.2**）.

10.1.3 秘密計算の実現

秘密計算には，主に以下の3つの実現手段が知られています.

1. **準同型暗号**による実現: 準同型暗号とは，データを暗号化したまま加算や乗算などの演算が可能な性質をもった暗号系です．準同型暗号による秘密計算では，データを準同型暗号により暗号化し，実際のデータそのものを取得することなく暗号化したまま必要なデータ解析を実施し，最終的に暗号化状態で得られたデータ解析結果だけを復号します.
2. **秘匿回路**による実現：秘匿回路とは，評価対象とする関数を論理回路で表現し，その論理回路の真理値表を暗号プロトコルを用いてそれを安全に評価する方法です．対象とするデータ解析関数を秘匿回路を用いて表現し，複数のパーティーから得た秘密入力についてその秘匿回路を評価することによって，入力値をパーティー間で共有することなくデータ解析の結果のみを取得することができます．

3. **秘密分散**による実現: 秘密分散では，データを複数の断片（**シェア**）に分割します．シェアは，個別のシェアから元のデータに関する情報を一切得ることができませんが，ある一定数以上のシェアが集まれば元のデータを復元できるように構成されます．秘密分散による秘密計算では，データを秘密分散によって複数のシェアに分割し，元のデータにアクセスせずにシェアのままで必要なデータ解析を実施し，シェアの状態で得られたデータ解析結果を復元します．

具体的な方式の説明に入る前に，秘密計算が安全に関数を評価できるということが，どのように定義されるのかについて議論します．秘密計算は暗号理論分野における 1 つの研究分野であり，秘密計算の安全性は 6 章で定義した識別不可能性の議論に基づきます．秘密計算は 2 以上の任意の数のパーティーの間で定義されますが，以降では特に断りのない限りパーティー数は 2 とします．

10.2 秘密計算プロトコル

秘密の入力をもっている 2 人のパーティーを，Alice と Bob と呼ぶことにします．Alice の入力を $x_A \in \{0,1\}^*$，Bob の入力を $x_B \in \{0,1\}^*$ とします[*3]．秘密計算では，Alice と Bob は互いに信頼がなく，自身の入力を相手に知られたくないと思っています．しかし，Alice と Bob は互いの入力を用いてある関数を評価することについては合意しています．

Alice の目的は両者の入力を使って，$y_A = f_A(x_A, x_B)$ を求めることです．ここで，$f_A : \{0,1\}^* \times \{0,1\}^* \to \{0,1\}^*$ です．Bob の目的は同様に，$y_B = f_B(x_A, x_B)$ を求めることです．f_B も同様に定義されます．両者を合わせた関数を $f : \{0,1\}^* \times \{0,1\}^* \to \{0,1\}^* \times \{0,1\}^*$ と定義し，その評価を

*3 $\{0,1\}^*$ は任意長のビット列を表します．

$$f(x_A, x_B) \mapsto (f_A(x_A, x_B), f_B(x_A, x_B)) \tag{10.1}$$

と書くことにします[*4]．ここで f は決定的な関数です[*5]．

関数 f を評価するためには Alice と Bob の間でメッセージをやり取りしながら計算を進めていく必要があります．複数のパーティーが通信を伴う計算を行う手順を**プロトコル**と呼びます．入力 x_A, x_B について関数 f を評価するプロトコル Π の実行を

$$\Pi(x_A, x_B) = (\Pi_A(x_A, x_B), \Pi_B(x_A, x_B)) \tag{10.2}$$

と書くことにします．

例 10.3　（金持ち比べ問題）

代表的な秘密計算の例として，金持ち比べ問題が知られています．Alice の銀行口座の預金額を x_A 円，Bob の預金額を x_B 円とします．Alice と Bob は互いに自分の預金額を公開したくありませんが，Alice はどちらの預金額の方が大きいかを比べ，その結果のみを true, false の 2 値で知りたいものとします．Alice が受け取る計算結果を以下のように定義すると，

$$y_A = f_A(x_A,\ x_B) = \begin{cases} 0 \text{ if } x_A > x_B \\ 1 \text{ otherwise} \end{cases} \tag{10.3}$$

金持ち比べは，$f(x_A, x_B) \mapsto (y_A, \emptyset)$ と記述されます．

10.2.1　イデアルモデルとリアルモデル

秘密計算が安全に実現するということは，どのように定義されるでしょうか?　ここでは，**イデアルモデル**と呼ばれる仮想的なモデルを用いて，秘密計算の安全性を議論します．

イデアルモデルでは Alice と Bob の他に**信頼できる第三者** (TTP) と呼ばれる仮想上のパーティーが計算に参加します．TTP は他者に情報を漏らし

---

*4　Alice のみが関数の評価結果を求めており，Bob は特に関数評価を必要としていない場合は，便宜上 f_B の出力を $\emptyset$ とします．

*5　確率的アルゴリズムの秘密計算の議論には，より一般的な定義が必要になります．

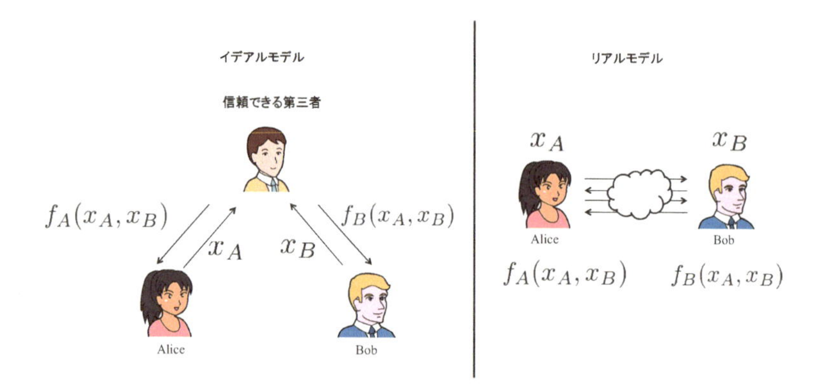

図 10.3 イデアルモデルとリアルモデル.

たりせず，あらかじめ指定されたとおりの計算のみを行い，余計な推測などは行いません．TTP は，Alice と Bob からすべての入力を受け取り，目的の関数 f の評価を行い，Alice と Bob それぞれに評価結果を出力として返します（図 **10.3**(左)）.

TTP はイデアルモデルにおける仮想的な存在であり，現実の秘密計算の実行では利用できません．TTP の存在を仮定せず，具体的なプロトコルの下でパーティーが計算を実行するモデルを**リアルモデル**と呼びます（図 10.3 (右)）．秘密計算の達成目標は，イデアルモデルにおける二者間の計算と同等の計算を，この TTP の存在を仮定することなく，リアルモデルで実現することです.

10.3 攻撃者モデル

安全性を議論するためには，(信頼できない) パーティーが具体的にどのような振る舞いをするのか定義する必要があります．秘密計算における代表的な攻撃者の振る舞いモデルとして，**semi-honest モデル**と **malicious モデル**を導入します.

semi-honest モデルでは，プロトコルに参加するパーティーはプロトコルで決められた動作から逸脱することなく振る舞いますが，プロトコル実行中に交換された情報を使って，自分以外のパーティーの情報の入力について推測しようとします．このモデルは比較的弱いセキュリティモデルですが，秘密計算を設計する上ではよく用いられる標準的なモデルです．

より強いセキュリティモデルとして，malicious モデルが使われます．このモデルでは，パーティーはプロトコルで決められた動作から逸脱し，意図的に誤った値を送信する，任意の時点で動作を止めるなど，相手の情報を得るために有利になるような任意の動作を行うことを想定します．

また，3 つ以上のパーティーが秘密計算に参加する場合には，複数のパーティーがプロトコルの枠外で共謀し，プロトコルの実行によって得た情報やプロトコルの最終的な出力を交換することで，残りのパーティーの秘密入力を得ようとする攻撃が想定されます．semi-honest 攻撃者モデルにおいても malicious 攻撃者モデルにおいても**共謀**の可能性を想定します．

本書で示すプロトコルは，すべて semi-honest モデルに対する安全性を想定します．semi-honest 攻撃者モデルに対して安全なプロトコルを malicious モデルに対して安全なプロトコルに変換する一般的な方法 [14] が知られています．

10.4　秘密計算の正当性と秘匿性

秘密計算の最終的な目標は，リアルモデルにおけるプロトコル実行を，TTP を用いずに実現することです．以降では，各パーティーが semi-honest 攻撃者であると仮定します．そのとき，リアルモデルにおけるプロトコル実行がイデアルモデルにおける計算と等価であるためには，以下の 2 つの要件が必要です．

1. **正当性**: リアルモデルにおける Alice と Bob の出力は，イデアルモデルにおける Alice と Bob の出力とそれぞれ一致すること．
2. **秘匿性**: リアルモデルにおける Alice と Bob は，イデアルモデルにおいて Alice と Bob が得た以上の知識を得ないこと．

正当性の要件は直感的にも明らかで，プロトコルが以下を満たす必要があります．

$$\Pi_A(x_A, x_B) = f_A(x_A, x_B),$$
$$\Pi_B(x_A, x_B) = f_B(x_A, x_B)$$

秘匿性は以降に詳しく説明します．

10.5 秘密計算の秘匿性の定義

秘密計算の秘匿性をより正確に表すと，プロトコルの実行後

- Alice は出力 $f_A(x_A, x_B)$ のみを取得し，それ以外は何の情報も得ないこと
- Bob は出力 $f_B(x_A, x_B)$ のみを取得し，それ以外は何の情報も得ないこと

ならば秘密計算プロトコル Π は秘匿性をもつといえます．

プロトコル Π の実行中において，最終的な出力が与えられる前に複数のメッセージを Alice と Bob の間でやり取りします．秘密計算の秘匿性はこれらのメッセージをすべて含めた上で，「結果として，出力以外何の情報も得なかった」ことを示す必要があります．最終的に正しい出力が正しい相手に提供されたとして，それ以前にやり取りされたメッセージから出力以外の情報が漏れていないことはどのように保証したらよいでしょうか？

Bob の入力の秘匿性を考えるために，Bob のふりをする，しかし Bob のみが知る Bob の秘密入力は知らない，**シミュレーター**と呼ばれるアルゴリズムを考えます．直感的には，Bob の秘密入力を知らない Bob のシミュレーターによって生成されるメッセージ群と，プロトコル実行中に秘密入力をもつ Bob が Alice に送信するメッセージ群が「見分けがつかない」のであれば，プロトコルの実行自体は Alice に Bob の秘密入力を漏洩していないといってよいでしょう（**図 10.4**）．この「見分けがつかない」状態は，8 章で定義した情報理論的識別不可能性や計算量的識別不可能性によって定義することが

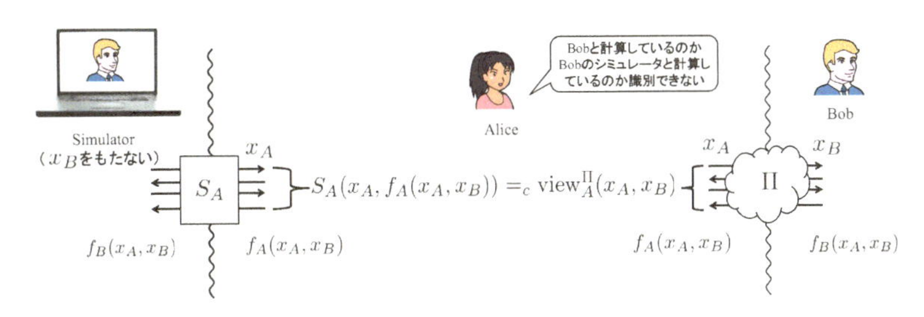

図 10.4 シミュレーションに基づく秘密計算の安全性.

できます.

プロトコル実行中に Alice が受け取るすべてのメッセージの集合を Alice の**ビュー**と呼びます．入力 $x_A, x_B \in \{0,1\}^*$ に対するプロトコル Π における Alice のビューを $\mathrm{view}_A^\Pi(x_A, x_B)$ と書きます．Alice のビューは入力 (x_A, x_B) のランダムネスに対して確率変数 $\{\mathrm{view}_A^\Pi(x_A, x_B)\}_{x_A, x_B \in \{0,1\}^*}$ として振る舞います．Bob のビューも同様に定義されます.

ビューに基づいて秘密計算プロトコルの秘匿性は，以下のように定義されます.

定義 10.1（計算量的識別不可能性によるプロトコル Π の秘匿性）

式 (10.1) を評価するプロトコルを Π とします．Alice のビューを $\mathrm{view}_A^\Pi(x_A, x_B)$，Bob のビューを $\mathrm{view}_B^\Pi(x_A, x_B)$ とします．Alice と Bob は semi-honest 攻撃者と仮定します．以下を満たすような多項式時間アルゴリズム S_A, S_B が存在するならば，プロトコル Π は決定的関数 f の評価において秘匿性をもつと定義します.

$$\{S_A(x_A, f_A(x_A, x_B))\}_{x_A, x_B \in \{0,1\}^*} =_c \{\mathrm{view}_A^\Pi(x_A, x_B)\}_{x_A, x_B \in \{0,1\}^*}$$
$$\{S_B(x_B, f_B(x_A, x_B))\}_{x_A, x_B \in \{0,1\}^*} =_c \{\mathrm{view}_B^\Pi(x_A, x_B)\}_{x_A, x_B \in \{0,1\}^*}$$

ただし，$|x_A| = |x_B|$ とします．また $=_c$ は 2 つの確率変数が計算量的に識別不可能であることを表します.

直感的には，任意の入力について，Alice のビュー $\mathrm{view}_A^\Pi(x_A, x_B)$ と見分けがつかないようなメッセージ集合を，Bob の入力なしで生成する多項式アルゴリズム $S_A(x_A, f_A(x_A, x_B))$ が存在するのであれば，プロトコルの実行中に交換されるメッセージは Bob の入力について情報を漏らしていないといえることを定義しています．Bob のビューについても同様です．

ここでは「見分けがつかない」ことの定義に計算量的識別不可能性を用いましたが，情報理論的識別不可能性に基づく秘匿性も定義可能です．後に示す準同型暗号および秘匿回路における秘匿性は，計算量的識別不可能性に基づきます．秘密分散による秘密計算の秘匿性は，情報理論的識別不可能性に基づきます．

10.6 差分プライバシーと秘密計算における攻撃者の違い

データ公開における匿名化の問題や，統計量の公開における差分プライバシーの問題における攻撃は，公開された情報と自身がもつ背景知識を組み合わせ，公開されていない情報を確率的に推測するアルゴリズムとしてモデル化されていました．ここで，攻撃者モデルは

1. 攻撃者がもつ背景知識の内容
2. 攻撃者の計算能力
3. 攻撃者が攻撃に用いるアルゴリズム

によって特徴づけられていました．

匿名化や差分プライバシーで想定した攻撃者と同様の攻撃者モデルを考えるならば，たとえば Alice の視点からは，Alice がもともともっている入力 x_A を背景知識とし，秘密計算の結果得た出力 $f_A(x_A, x_B)$ を公開情報とし，これらを組み合わせたときに Bob の秘密の入力 x_B をどれだけ推測できるかといった問題を考えることが自然に思えます．しかし，秘密計算における攻撃者モデルは，これとは異なります．

匿名化や差分プライバシーにおいては，データベースや統計量を公開する

者が意図的にプライバシー上のリスクを増加させるような振る舞い（たとえば匿名化アルゴリズムや差分プライバシーを保証するためのメカニズムを，悪意をもって定められた方法と異なるやり方で実行するなど）は想定していませんでした．データを公開する側は常に信頼できるとの仮定をおいていました．一方で，秘密計算はパーティーがプロトコルに定められたとおりに振る舞い，その動作が信頼できるという仮定を必ずしもおきません．パーティーは意図的に他者と共謀し自身が知っている情報を他者に漏洩したり，定められたプロトコルから逸脱した振る舞いをする可能性を考慮します．

秘密計算を実行するプロトコルでは，その過程においてAliceとBobの間でメッセージと呼ばれる情報のやり取りが発生します．秘密計算の目標は，このプロトコルの実行過程においてやり取りされたメッセージから，プロトコルの出力 $f_A(x_A, x_B)$ および $f_B(x_A, x_B)$ 以外の情報が誰にも知られないことを目的としています．その一方で出力 $f_A(x_A, x_B)$ および $f_B(x_A, x_B)$ を得たことによって，秘密の入力 x_A および x_B が推測されることは（たとえ x_A や x_B が結果的に完全に推測されることになったとしても）問題視しません．繰り返しになりますが，出力から入力を推測する攻撃は，統計量公開における差分プライバシーの問題として扱うべき問題で，両者は別の問題として議論されます．

このように秘密計算における秘匿性は，差分プライバシーで想定したような「出力からの推論」に対する秘匿性を保証しません．「計算の過程におけるパーティーの振る舞い」に対する安全性の保証と，「出力からの推論」に対する安全性の保証は補完的な関係にありますから，現実にはそれぞれ個別に対応する必要があるでしょう．

10.7　秘密計算の攻撃者モデル

秘密計算においては，保証したい安全性の定義に応じてさまざまな攻撃者モデルが想定されますが，標準的には以下の攻撃者モデルが使われています．

- 秘密計算における攻撃者の背景知識は，プロトコルの実行過程においてやり取りされたメッセージとその出力に限定されています．
- 攻撃者の振る舞いは，semi-honest モデルか malicious モデルのどちらかとして定義されます．

- 攻撃者の計算能力は，具体的な秘密計算の方式に依存します．秘匿回路や準同型暗号を用いた秘密計算においては，攻撃者の計算能力は多項式時間・多項式領域アルゴリズムとして定義されます．秘密分散を用いた秘密計算においては，計算能力に制限がないアルゴリズムとして定義されます．
- 攻撃者は，いずれの場合にも，与えられた計算能力の範囲で実行可能な任意の攻撃アルゴリズムを用います．

10.8 秘密計算の構成法

以降の章では具体的な秘密計算の具体的な方式を導入します．

秘密計算の構成には大きく 2 つの考え方があります．1 つは，計算機で実行可能なすべての計算は論理回路に帰着されるという事実に基づき，論理回路の各ゲートについて個別に秘密計算を実現する方法です．これが実現できれば，各ゲートの秘密計算を組み合わせることによって論理回路全体の秘密計算を実現できます．13 章で紹介する秘匿回路はこのアイディアに基づきます．

もう 1 つは，計算機で実行する多くの計算は加算や乗算などの算術演算に帰着されることに着目し，加算や乗算などの算術演算について秘密計算を実現する方法です．これが実現できれば，加算や乗算などの組み合わせで表現される多くの計算の秘密計算を実現することができます．特にある条件の下で加算と乗算両方の秘密計算が実現できれば，任意の論理回路についての秘密計算を実現可能であることが知られており，算術演算に基づく汎用的な秘密計算の実現も理論上は可能です．12 章で紹介する準同型暗号による秘密計算はこのアイディアに基づきます．14 章で紹介する秘密分散に基づく手法も主に算術演算に基づきます．

Chapter 11

秘密鍵暗号と公開鍵暗号

暗号とは，ある者から別の者に秘密のメッセージを通信するときに，第三者にそのメッセージを見られても，その内容が知られないように加工するアルゴリズムのことです．次の章から紹介する秘密計算の安全性は，秘密鍵暗号や公開鍵暗号の秘匿性に依存しています．本章では，秘密計算の主要な要素技術である秘密鍵暗号と公開鍵暗号について，その定式化および正当性・秘匿性の定義を与え，具体的な暗号系のアルゴリズムを紹介します．
秘密計算では，情報の秘匿性を維持しつつ所定の計算を実行するために，秘密鍵暗号や公開鍵暗号を用います．本章では秘密鍵暗号や公開鍵暗号について代表的な暗号系の方式を紹介して，その安全性について説明します．

11.1　秘密鍵暗号

11.1.1　秘密鍵暗号の定式化

秘密鍵暗号方式は 3 つの確率的多項式時間アルゴリズム (Gen, Enc, Dec) からなります．

1. 鍵生成アルゴリズム Gen は，セキュリティパラメータ κ を入力にとり，鍵 k $\in K$ を生成します．
2. 暗号化アルゴリズム Enc は，鍵 k および平文 $x \in X$ を入力にとり，暗

号文 $c \in C$ を生成します.

3. 復号アルゴリズム Dec は, 暗号文 c および鍵 k を入力にとり, その暗号文に対応する**平文** x を確率 1 で出力します.

セキュリティパラメータとは, 暗号系の秘匿性の強さを制御するパラメータです. **平文**とは相手に送信したい情報そのもののことで, メッセージとも呼ばれます.

秘密鍵暗号方式が正しくメッセージを伝えるには

$$\mathsf{Dec}(\mathsf{Enc}(x, \mathsf{k}), \mathsf{k}) = x \tag{11.1}$$

が確率 1 で満たされる必要があります. この性質を**正当性** (correctness) と呼びます. また, 鍵をもたない Bob 以外の第三者に平文を読み取られてはいけません. この性質を**暗号系の秘匿性**と呼びます.

11.1.2 秘密鍵暗号による通信

秘密鍵暗号を用いて以下の方法で Alice から Bob に秘密の平文 x を送信することを考えます (図 11.1).

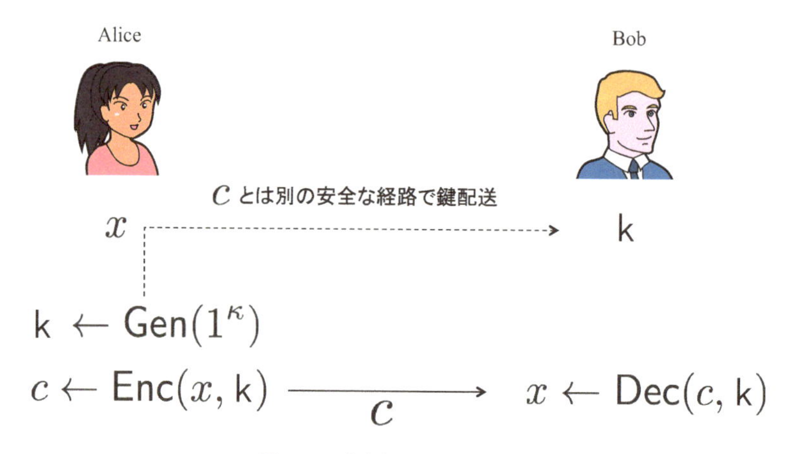

図 11.1　秘密鍵暗号による通信.

1. Alice は鍵生成アルゴリズム $\mathsf{k} \leftarrow \mathsf{Gen}(1^\kappa)$ を実行し，鍵 k を安全な通信路を通じて Bob に伝えます．
2. Alice は暗号化アルゴリズム $c \leftarrow \mathsf{Enc}(x, \mathsf{k})$ を用いて平文 x に対応する暗号文 c を生成し，Bob に送ります．
3. Bob は復号アルゴリズム $x \leftarrow \mathsf{Dec}(c, \mathsf{k})$ を用いて平文 x を取得します．

ここで，ステップ 1 において，Alice が Bob に鍵を伝えるために，暗号通信を行う通信路と同じ通信路を利用できないことに注意してください．盗聴者にその鍵を取得された場合，以降の通信においても暗号文が復号されてしまうためです．したがって，暗号通信を行う通信路とは別の安全な方法を用いてあらかじめ Bob に鍵を渡しておく必要があります．これを**鍵配送**の問題と呼びます．暗号通信における鍵配送は公開鍵暗号の利用によって解決することができます．詳しくは 11.2 節を参照してください．

秘密分散による秘密計算でも同様の方式を用いますが，幸いなことに鍵配送の問題は発生しません．その理由についても後で説明をします．

11.1.3 ワンタイムパッド

情報理論的識別不可能性を達成するアルゴリズムの 1 つとして，秘密鍵暗号方式の**ワンタイムパッド**が知られています．**平文空間**を $\{0,1\}^\kappa$，**鍵空間**を $\{0,1\}^\kappa$ とします．κ はセキュリティパラメータです．このときワンタイムパッドの鍵生成アルゴリズム[*1] は，以下のように平文とまったく同じ長さの鍵を生成します．

$$\mathsf{k} \leftarrow \mathsf{Gen}(1^\kappa), \mathsf{k} \in_R \{0,1\}^\kappa \tag{11.2}$$

ここで，$\in_R$ は集合からその要素を一様ランダムに選択する操作を表します．

平文 $x \in \{0,1\}^\kappa$ について，ワンタイムパッドの暗号化アルゴリズムは

$$c \leftarrow \mathsf{Enc}(x,\ \mathsf{k}) = x \boxplus \mathsf{k} \tag{11.3}$$

となります．ここで $\boxplus$ は要素ごとの排他的論理和です．

---

*1 アルゴリズムの計算量は入力長に対して評価されます．ここでは，鍵生成アルゴリズムがセキュリティパラメータ κ に対して多項式アルゴリズムであることを強調するために，入力長が κ である 1^κ を鍵生成アルゴリズムの入力としています．

復号アルゴリズムは同様に鍵を用いてランダム化された平文を復元します．

$$x \leftarrow \mathsf{Dec}(c,\ \mathsf{k}) = c \boxplus \mathsf{k} \tag{11.4}$$

11.1.4 ワンタイムパッドの完全秘匿性

ワンタイムパッドにおいて，任意の平文 $x, x' \in \{0,1\}^{\kappa}$ および任意の暗号文 $y \in \{0,1\}^{\kappa}$ について，以下が成立します．

$$\Pr_{\mathsf{k} \leftarrow \mathsf{Gen}(\kappa), z = \mathsf{Enc}(x, \mathsf{k})}(y = z) - \Pr_{\mathsf{k} \leftarrow \mathsf{Gen}(\kappa), z = \mathsf{Enc}(x', \mathsf{k})}(y = z) = 0 \tag{11.5}$$

よって，ワンタイムパッドは完全秘匿性を保証します．

例 11.1 （ワンタイムパッド）

平文を 0011 とします．秘密鍵をランダムな 4 bit の列から選びます．ここでは 0110 とします．このとき，暗号文は $0011 \boxplus 0110 = 0101$ として得られます．平文は，暗号文と鍵の排他的論理和 $0101 \boxplus 0110 = 0011$ によって復元されます．秘密鍵はランダムに生成されますから，どのような 4 bit の平文に対しても，任意に指定した暗号文（たとえば 0000）を得る確率は $1/2^4$ です．

ワンタイムパッドの完全秘匿性は，任意の平文からある暗号文を得る確率が常に $1/2^{\kappa}$ であることによって保証されています．

ワンタイムパッドでは最も強い秘匿性である完全秘匿性を保証しており，安全性の観点から理想的な暗号系です．また暗号化処理は排他的論理和のみですから非常に高速です．ただし，鍵のサイズは送信したい平文と同じ長さの鍵が必要であり，平文送信のたびに鍵を更新する必要があります．また鍵配送の問題もありますから，その用途は限定されます．

11.2 公開鍵暗号

秘密鍵暗号は，暗号化と復号に同一の鍵を用いるのでした．**公開鍵暗号**は，暗号化と復号にそれぞれ異なる鍵を用いる暗号方式です．後ほど詳しく説明しますが，公開鍵暗号を用いることによって，鍵配送の問題を解決することができます．

11.2.1 公開鍵暗号の定式化

平文空間を**セキュリティパラメータ** κ に対して $\{0,1\}^{\kappa}$，対応する暗号文空間をある多項式 $\ell(\kappa)$ に対して $\{0,1\}^{\ell(\kappa)}$ で与えます．セキュリティパラメータは，その暗号文の安全性を指定します．安全性を高めるために，平文空間よりも暗号文空間のサイズを大きくとることがあります．多項式 $\ell(\kappa)$ はその違いを表しています．一般的な公開鍵暗号方式は，鍵生成アルゴリズム，暗号化アルゴリズム，復号アルゴリズムの3つのアルゴリズムからなります．

- **鍵生成アルゴリズム** $(\mathsf{pk}, \mathsf{sk}) \leftarrow \mathsf{Gen}(1^{\kappa})$ は，セキュリティパラメータ κ を入力にとり，**公開鍵**と**秘密鍵**のペア $(\mathsf{pk}, \mathsf{sk})$ を出力します．
- **暗号化アルゴリズム** $c \leftarrow \mathsf{Enc}(x, \mathsf{pk})$ は平文 x と公開鍵 pk を入力にとり，x の暗号文 c を出力します．公開鍵 pk が自明である場合には省略して $\mathsf{Enc}(x)$ と記述します．
- **復号アルゴリズム** $x \leftarrow \mathsf{Dec}(c, \mathsf{sk})$ は暗号文 c と秘密鍵 sk を入力にとり，平文 m を出力します．秘密鍵 sk が自明である場合には省略して $\mathsf{Dec}(x)$ と記述します．

公開鍵暗号方式が

$$\mathsf{Dec}(\mathsf{Enc}(x, \mathsf{pk}), \mathsf{sk}) = x \tag{11.6}$$

を確率1で満たすならば，公開鍵暗号方式は正当性をもちます．

また，秘密鍵をもたないBob以外の第三者に，pk および c から平文 x を読み取られてはいけません．この性質を**公開鍵暗号系の秘匿性**と呼びます．公開鍵暗号系の秘匿性については本節の後半で詳しく議論します．

11.2.2 公開鍵暗号による通信

公開鍵暗号を用いて以下の方法でAliceからBobに平文 x を送信することを考えます（図 **11.2**）．

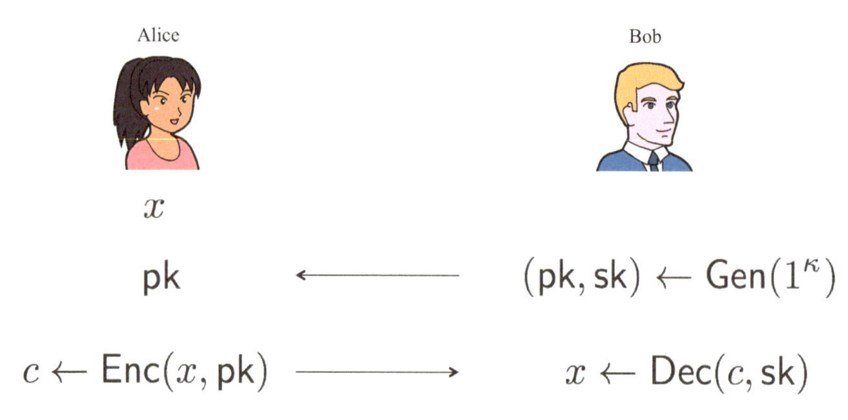

図 11.2　公開鍵暗号を用いたメッセージ送信.

1. Bob は鍵生成アルゴリズム $(\mathsf{pk}, \mathsf{sk}) \leftarrow \mathsf{Gen}(1^\kappa)$ を実行し，公開鍵 pk を Alice に伝えます．このとき，暗号通信に使う通信路を通じて公開鍵を Alice に送信しても構いません.
2. Alice は暗号化アルゴリズム $c \leftarrow \mathsf{Enc}(x, \mathsf{pk})$ を用いて平文 x に対応する暗号文 c を生成し，Bob に送ります.
3. Bob は復号アルゴリズム $x \leftarrow \mathsf{Dec}(c, \mathsf{sk})$ を用いて平文 x を取得します.

秘密鍵暗号では盗聴者にその鍵を取得された場合，以降の通信の秘匿性が保証されませんでした．公開鍵暗号では暗号に用いる公開鍵と復号に用いる秘密鍵は異なる情報であり，公開鍵が盗聴者に取得されても暗号文の復号はできませんから，鍵の配送に暗号通信を行う通信路と同じ通信路を利用してもかまわないことに注意してください.

11.2.3　ElGamal 暗号

公開鍵暗号の構成法の例として，**ElGamal 暗号**を紹介します．ElGamal 暗号は有限体と呼ばれる代数的構造をもつ整数の集合に基づくアルゴリズムです．**環**とは加算と乗算について閉じている集合で，**体**とはすべての要素に逆元が存在する（つまり除算について閉じている）環のことです．整数の剰余演算について定義される環を**剰余環**といいます．元の数が有限な体を**有限**

体と呼び，素数 q について，q を法とする剰余環は有限体となることが知られています．

11.2.3.1 剰余環

整数集合 $\mathbb{Z}$ の元を q で割った余りの集合 $\{0, 1, 2, \ldots, q-1\}$ を $\mathbb{Z}/q\mathbb{Z}$ と書きます．$\mathbb{Z}/q\mathbb{Z}$ 上では加算，乗算が定義され，環となります．これを q を法とする剰余環と呼びます．剰余環は，加算，乗算について閉じています．以下に例を示します．

例 11.2 （剰余環）

剰余環 $\mathbb{Z}/7\mathbb{Z}$ では，$n \in \mathbb{Z}$ において

$$
\begin{aligned}
0 = 7 = 14 = 7n &\quad \bmod 7 \\
1 = 8 = 15 = 7n + 1 &\quad \bmod 7 \\
2 = 9 = 16 = 7n + 2 &\quad \bmod 7
\end{aligned}
$$

です．加算はたとえば以下のようになります．

$$
\begin{aligned}
1 + 6 = 0 &\quad \bmod 7 \\
3 + 9 = 5 &\quad \bmod 7 \\
7n + 14n + 2 = 2 &\quad \bmod 7
\end{aligned}
$$

乗算はたとえば以下のようになります．

$$
\begin{aligned}
2 \times 7 = 14 = 0 &\quad \bmod 7 \\
3 \times 5 = 15 = 1 &\quad \bmod 7 \\
(7n + 1) \times (7n + 2) = 49n + 21n + 2 = 2 &\quad \bmod 7
\end{aligned}
$$

剰余環においては算術的な除算は閉じていません．つまり，除算の結果が剰余環の元になりません．たとえば $1/3 = 0.33\ldots$ は $\mathbb{Z}/7\mathbb{Z}$ の元ではありません．しかし $x, y \in \mathbb{Z}/q\mathbb{Z}$ について $x \times y = 1 \mod q$ となるような y を x の逆元と定義すれば除算が定義できます．たとえば例 11.2 では $3 \times 5 = 1$

mod 7 ですから，3 の逆元 1/3 は 5 です．

11.2.3.2 逆元をもつ剰余環

任意の剰余環の任意の要素について逆元が存在するわけではありません．たとえば剰余環 $\mathbb{Z}/6\mathbb{Z}$ において

$$
\begin{aligned}
2 \times 0 = 0 \quad \bmod 6\\
2 \times 1 = 2 \quad \bmod 6\\
2 \times 2 = 4 \quad \bmod 6\\
2 \times 3 = 0 \quad \bmod 6\\
2 \times 4 = 2 \quad \bmod 6\\
2 \times 5 = 4 \quad \bmod 6
\end{aligned}
$$

であり，$2 \times x = 1 \mod 6$ となる x が見つかりませんから，$\mathbb{Z}/6\mathbb{Z}$ において 2 の逆元は存在しません．

ただし，q が素数ならば，0 を除く $\mathbb{Z}/q\mathbb{Z}$ のすべての元に逆元が存在することが知られています．

例 11.3 （$\mathbb{Z}/7\mathbb{Z}$ の逆元）

$\mathbb{Z}/7\mathbb{Z}$ の逆元を考えます．

$$
\begin{aligned}
1 \times 1 = 1 \quad \bmod 7\\
2 \times 4 = 1 \quad \bmod 7\\
3 \times 5 = 1 \quad \bmod 7\\
4 \times 2 = 1 \quad \bmod 7\\
5 \times 3 = 1 \quad \bmod 7\\
6 \times 6 = 1 \quad \bmod 7
\end{aligned}
$$

これより，$\mathbb{Z}/7\mathbb{Z}$ の 0 を除くすべての元に乗算に関する逆元が存在し，以下のように定まります．

$$1/1 = 1 \quad \bmod 7$$

$$1/2 = 4 \mod 7$$
$$1/3 = 5 \mod 7$$
$$1/4 = 2 \mod 7$$
$$1/5 = 3 \mod 7$$
$$1/6 = 6 \mod 7$$

q が素数ならば，$\mathbb{Z}/q\mathbb{Z}$ の 0 を除くすべての元が積について逆元をもつので（つまり除算について閉じているので），体となります．

11.2.3.3 ElGamal 暗号の方式

ElGamal 暗号の平文空間は $\mathbb{Z}/q\mathbb{Z}$ です．ただし q を大きな素数とします．また g を法 q における**生成元**とします．生成元とは，$i = 1, \ldots, q-1$ に対して $\{g^1, g^2, \ldots, g^{q-1}\} = \{1, 2, \ldots, q-1\}$ となるような $\mathbb{Z}/q\mathbb{Z}$ の元です．

例 11.4 （$\mathbb{Z}/7\mathbb{Z}$ の生成元）

剰余環 $\mathbb{Z}/7\mathbb{Z}$ において，$g = 3$ とすると

$$3^1 = 3 \mod 7$$
$$3^2 = 2 \mod 7$$
$$3^3 = 6 \mod 7$$
$$3^4 = 4 \mod 7$$
$$3^5 = 5 \mod 7$$
$$3^6 = 1 \mod 7$$

より，g は生成元であることがわかります．

このような g における ElGamal 暗号の構成法をアルゴリズム 11.1 に示します[*2].

アルゴリズム 11.1 ElGamal 公開鍵暗号

1. g, q を公開します
2. 鍵生成 Gen:

$$(\mathsf{pk},\ \mathsf{sk}) = (g^z, z) \leftarrow \mathsf{Gen}(1^\kappa) \tag{11.7}$$

ここで z は $\mathbb{Z}/(q-1)\mathbb{Z}$ からランダムに選びます

3. 暗号化 Enc : 平文を $x \in \mathbb{Z}/q\mathbb{Z}$ とします．整数 $r \in \mathbb{Z}/(q-1)\mathbb{Z}$ をランダムに選び，x の暗号文を以下のように求めます

$$(c_1, c_2) = (g^r, x(g^z)^r) \leftarrow \mathsf{Enc}(x, \mathsf{pk}) \tag{11.8}$$

4. 復号 Dec : 秘密鍵 z を用いて，暗号文から平文を以下のように得ます

$$x = x(g^z)^r / g^{rz} = c_2 / c_1^z \leftarrow \mathsf{Dec}((c_1, c_2), z) \tag{11.9}$$

ElGamal 暗号の正当性はその構成から自明です．ElGamal 暗号の秘匿性については以降で詳しく考察します．

11.2.4 ElGamal 暗号の秘匿性

ElGamal 暗号の秘匿性は暗号化関数の計算量的識別不可能性に基づきます．まずは 6 章の定義に基づいて，暗号化関数の計算量的識別不可能性を定

---

*2 ElGamal 暗号の秘匿性は後の例 11.5 に示す DDH 仮定に基づきます．DDH 仮定が成り立つためには，群の位数は素数であることが必要です．そこで実際には，ElGamal 暗号では g を以下のように求めます．g' を $\mathbb{Z}/q\mathbb{Z}$ の生成元とします．g' の位数は $q-1$ です．

次に $g = g'^{\frac{q-1}{p}} \bmod q$ とします．ここで p は $q-1$ の約数であるような素数です．このとき g の位数は p となります．アルゴリズム 11.1 で示す ElGamal 公開鍵暗号も，実際にはこのような $\mathbb{Z}/q\mathbb{Z}$ の元 g を用います．このとき，平文は g が生成する位数 p の巡回群の元である必要があります．ElGamal 暗号において秘匿性を厳密に示すには，このような条件を必要としますが，本文では簡単のために，$\mathbb{Z}/q\mathbb{Z}$ の生成元 g で説明をしています．

義し，その上で ElGamal 暗号の秘匿性を考察することにします．

11.2.4.1 公開鍵暗号の識別不可能性

平文 x に対応した公開鍵暗号の暗号文を $c = \mathsf{Enc}(x)$ とします．攻撃者は暗号文 c を取得し，対応する平文 x の情報を得ようとします．暗号化関数 Enc の計算量的識別不可能性を定義します．

定義 11.1（暗号化の計算量的識別不可能性）

平文長を κ，暗号文長を $\ell(\kappa)$ とする暗号化関数 Enc およびそれに対応した復号関数 Dec を考えます．すべての確率的多項式時間アルゴリズム $\mathcal{A} : \{0,1\}^{\ell(\kappa)} \to \{0,1\}$，および任意の $x, x' \in \{0,1\}^{\kappa}$ について，以下が成り立つならば Enc は計算量的識別不可能であるといいます．

$$\left| \Pr(\mathcal{A}(\mathsf{Enc}(x)) = 1) - \Pr(\mathcal{A}(\mathsf{Enc}(x')) = 1) \right| < \mathsf{negl}(\kappa).$$

確率的多項式時間アルゴリズム $\mathcal{A}$ は，暗号文 $\mathsf{Enc}(x)$ および $\mathsf{Enc}(x')$ を得た後に，それが x の暗号文なのか x' の暗号文なのかを識別しようとする攻撃者の識別器であると解釈できます．Enc が計算量的識別不可能であれば，任意の 2 つの平文について，いかなる識別器もその 2 つを見分けることができる確率は無視できるほど小さいということになります．

11.2.4.2 攻撃者モデル

定義 11.1 において，攻撃アルゴリズム $\mathcal{A}$ は任意の確率的多項式時間アルゴリズムとして与えられますが，攻撃者が獲得できる知識（つまり攻撃アルゴリズムの入力）にはいくつかのバリエーションがあります．標準的には以下の 3 つのモデルを考えます．

- **選択平文攻撃**: 選択平文攻撃とは，攻撃者が暗号文 c を受け取る前後において，攻撃者が平文を任意に選択し，それに対応する暗号文を攻撃者が取得可能であり，攻撃にこれを用いることを想定するモデルです．

- **選択暗号文攻撃**: 選択暗号文攻撃とは，攻撃者が暗号文 c を受け取る前に限り，攻撃者が暗号文を任意に選択し，それに対応する平文を攻撃者が取得可能であり，攻撃にこれを用いることを想定するモデルです．
- **適応的選択暗号文攻撃**: 適応的選択暗号文攻撃とは，攻撃者が暗号文 c を受け取る前後において，攻撃者が c 以外の暗号文を任意に選択し，それに対応する平文を攻撃者が取得可能であり，攻撃にこれを用いることを想定するモデルです．

このような攻撃を行う攻撃者モデルに対して計算量的識別不可能性を保証することで，暗号化関数の秘匿性が定義されます．公開鍵暗号においては，以下の安全性モデルが標準的に用いられています．

- 選択平文攻撃に対し計算量的識別不可能 (**IND-CPA**)
- 選択暗号文攻撃に対し計算量的識別不可能 (**IND-CCA**)
- 適応的選択暗号文攻撃に対し計算量的識別不可能 (**IND-CCA2**)

公開鍵暗号においては，攻撃者は公開鍵と暗号化関数を利用して任意の平文の暗号文を取得可能ですから，攻撃者は常に選択平文攻撃が可能です．よって公開鍵暗号では最低限，IND-CPA 安全性，つまり，選択平文攻撃に対して計算量的識別不可能性を保証する必要があります．

適応的選択暗号文攻撃を仕掛ける攻撃者に対して計算量的識別不可能性を達成する公開鍵暗号の安全性を IND-CCA2 安全と呼び，暗号系の安全性として理想的であるとされています．

ElGamal 暗号 [11] は IND-CPA 安全であることが知られています．IND-CCA2 安全な暗号の例としては，RSA 暗号を改良した RSA-OAEP[1]，ElGamal 暗号を改良した Cramer-Shoup 暗号 [3] などが知られています．

11.2.4.3 ElGamal 暗号は計算量的識別不可能

ElGamal 暗号が IND-CPA 安全である根拠について考察します．ここでは，以下に説明する判定 Diffie-Helman 問題の困難性を仮定します．

例 11.5 （判定 Diffie-Helman 問題）

176 ページの脚注と同様の設定において，位数 p の $\mathbb{Z}/q\mathbb{Z}$ の元を g とします．このとき，x と g から g^x を求めることは簡単ですが，効率的に g^x と g から x を求めることは困難であることが知られています．この問題を**離散対数問題**と呼びます．

攻撃者が指数時間を用いて計算してよい場合には，すべての $x \in \mathbb{Z}/p\mathbb{Z}$ について g^x を総当たりすることによって，x を求めることができますが，これには指数時間が必要です．具体的には，p が 2^{160} より，q が 2^{1024} より大きいとき，g^x と g から x を求めるには一般的なコンピュータで数十年以上かかるといわれています．攻撃者の計算時間が多項式時間に制限されている場合には，離散対数問題を解くことはできません．

以下の 2 つの分布を考えます．

$$\{g^x, g^y, g^{xy}\}_{x,y\in_r\mathbb{Z}/p\mathbb{Z}}$$
$$\{g^x, g^y, g^z\}_{x,y,z\in_r\mathbb{Z}/p\mathbb{Z}}$$

攻撃者がこの 2 つの分布のどちらかから，1 つのサンプル $\{g^x, g^y, g^w\}$ を得たとします．識別アルゴリズムが指数時間アルゴリズムならば，g^x，g^y から離散対数問題を総当たりで解いて x, y を求め，$g^z = g^{xy}$ かどうかをチェックすることによって，サンプルがどちらの分布から得られたのか識別できます．一方，識別アルゴリズムが多項式時間アルゴリズムならば，離散対数問題が解けませんから x, y を求めることができません．よって，2 つの分布を識別できません．g^x, g^y から x, y を求めずに直接 g^{xy} を求めることができれば 2 つの分布を識別できるでしょう．このような問題を**判定 Diffie-Helman 問題**と呼びます．この問題に対する効率的なアルゴリズムも知られていません．よって，2 つの分布は計算量的識別不可能です．判定 Diffie-Helman 問題の困難性についての仮定を DDH 仮定と呼びます．

DDH 仮定の下で，ElGamal 暗号が計算量的識別不可能性をもつことを直感的に示します．平文 m に対応する ElGamal 暗号の暗号文と公開鍵は

(g^r, g^z, mg^{zr}) で与えられます．ここで，r は乱数，z はランダムに選ばれた秘密鍵です．mg^{zr} では，平文 m が g^{zr} でマスクされていると解釈できます．判定 Diffie-Helman 問題の困難性を仮定すれば，確率的多項式アルゴリズムである攻撃者にとって，g^{zr} は一様乱数と区別がつきません．よって，mg^{zr} は計算量的識別不可能性をもちます．

11.2.4.4 ElGamal 暗号は IND-CPA 安全

攻撃者モデルの観点から，ElGamal 暗号は IND-CCA2 安全ではありません．たとえば，m_1 の暗号文および公開鍵 $(g^{r_1}, g^z, m_1 g^{zr_1})$ と m_2 の暗号文および公開鍵 $(g^{r_2}, g^z, m_1 g^{zr_2})$ から暗号文 $(g^{r_1} \cdot g^{r_2}, g^z, m_1 g^{zr_1} \cdot m_2 g^{zr_2}) = (g^{r_1+r_2}, g^z, m_1 m_2 g^{z(r_1+r_2)})$ を構成することができます．これは $m_1 m_2$ の暗号文に相当します．このように，ElGamal 暗号の暗号文は改ざんが可能ですから，以下のような適応的選択暗号文攻撃が可能です．

1. 攻撃者は m_1 の暗号文 $(g^{r_1}, g^z, m_1 g^{zr_1})$ を受け取る．
2. 攻撃者は任意に選んだ平文 m_2 について $m_1 m_2$ の暗号文を m_1 の暗号文から構成し，それに対する平文 $m_1 m_2$ を受け取る．
3. $m_1 m_2 / m_2 = m_1$ より標的の平文を得る．

よって，ElGamal 暗号は IND-CCA2 安全ではないということになります．

一方で，DDH 仮定の下で，ElGamal 暗号は IND-CPA 安全であることが知られています．その根拠は，例 11.5 で示したように，$\{g^x, g^y, g^{xy}\}_{x,y \in_r \mathbb{Z}/p\mathbb{Z}}$ と $\{g^x, g^y, g^z\}_{x,y,z \in_r \mathbb{Z}/p\mathbb{Z}}$ が計算量的識別不可能であることによります．

Chapter 12

準同型暗号による秘密計算

本章では，準同型暗号と呼ばれる公開鍵暗号方式に基づく秘密計算を説明します．準同型暗号とは，値の暗号文が与えられたときに，その暗号文を復号することなく暗号文に対してある演算を実行し，その結果として得られた暗号文を復号したときに得られる平文が，元の値について何らかの算術的な演算をした結果に相当するような性質をもつ暗号系です．統計解析など算術演算で表現可能なデータ解析に向いた手法といえます．

12.1 準同型暗号

12.1.1 加法準同型暗号

加法について準同型性をもつ暗号系を**加法準同型暗号**と呼びます．加法準同型性に関して暗号文同士の演算を $\oplus$，平文同士の演算を $+$ と書くことにすると，以下が成り立ちます．

$$\mathsf{Dec}(\mathsf{Enc}(x_1) \oplus \mathsf{Enc}(x_2)) = x_1 + x_2 \tag{12.1}$$

加法準同型暗号では，たとえば $3+5=8$ という加算を，暗号文を用いて以下のように計算することができます．

$$\mathsf{Enc}(3) \oplus \mathsf{Enc}(5) =_d \mathsf{Enc}(8) \tag{12.2}$$

ここで，$\oplus$ は加法準同型演算子，$=_d$ は対応する秘密鍵で復号したときに同じ値を与えることを意味します*1.

Paillier 暗号系 [27] やある種の工夫を取り入れた ElGamal 暗号 [11] は，加法準同型性をもちます*2. 楕円 ElGamal 暗号による高速な加法準同型暗号のライブラリも公開されています*3.

12.1.2 乗法準同型暗号

乗法について準同型性をもつ暗号系を**乗法準同型暗号**と呼びます．乗法準同型性に関して暗号文同士の演算を $\otimes$，平文同士の演算を $\times$ と書くことにすると，以下が成り立ちます．

$$\mathsf{Dec}(\mathsf{Enc}(x_1) \otimes \mathsf{Enc}(x_2)) = x_1 \times x_2 \tag{12.3}$$

乗法準同型暗号では，たとえば $3 \times 5 = 15$ という乗算を，暗号文を用いて以下のように計算することができます．

$$\mathsf{Enc}(3) \otimes \mathsf{Enc}(5) =_d \mathsf{Enc}(15) \tag{12.4}$$

ここで，$\otimes$ は乗法準同型演算子です．RSA 暗号系 [29] や ElGamal 暗号系などは乗法準同型性をもちます*4.

アルゴリズム 11.1 に示した ElGamal 暗号の乗法準同型性を示します． m_1 の暗号文と公開鍵を $(g^{r_1}, g^z, m_1 g^{zr_1})$，$m_2$ の暗号文と公開鍵を $(g^{r_2}, g^z, m_2 g^{zr_2})$ とします．ここで $r_1, r_2 \in \mathbb{Z}/(q-1)\mathbb{Z}$ は $\mathbb{Z}/(q-1)\mathbb{Z}$ 上の一様乱数です．この 2 つの暗号文から，$(g^{r_1} \cdot g^{r_2}, g^z, m_1 g^{zr_1} m_2 g^{zr_2}) = (g^{r_1+r_2}, g^z, m_1 m_2 g^{z(r_1+r_2)})$ を構成することができます．これは $m_1 m_2$ の暗号文に相当しますから，ElGamal 暗号系などは乗法準同型性をもつことが

---

*1 ここで，等号 = を用いない理由を説明します．例として平文は 0 か 1 の 2 値しかとらない場合を考えます．0 と 1 の暗号文が一意に定まるならば，暗号文の頻度分布から平文が推測される可能性があります．これを防ぐために，1 つの平文に対して多数の暗号文が対応し，出力される暗号文を乱数によって決めます．このような暗号系を**確率暗号**と呼びます．確率暗号の場合，乱数の選択によって右辺と左辺は必ずしも一致しませんから，ここでは平文で一致を表す $=_d$ を用いています．確率暗号では，a の暗号文 $c = \mathsf{Enc}(a)$ について，$c =_d c'$ となるような暗号文 c' を生成することができます．Paillier 暗号では，この操作は，確率暗号の暗号文 $\mathsf{Enc}(0)$ を用いて $c' =_d c \oplus \mathsf{Enc}(0)$ のようにランダム化することによって実現できます．

*2 Paillier 暗号系の場合，平文において実現する加法は 11.2 節で説明した剰余環における加法になります．

*3 https://github.com/aistcrypt/Lifted-ElGamal

*4 ElGamal 暗号系の場合，平文において実現する乗法は 11.2 節で説明した剰余環における乗法になります．

わかります．

12.1.3 完全準同型暗号

加法準同型性と乗法準同型性の両方を満たす暗号系

$$\mathsf{Dec}(\mathsf{Enc}(x_1) \oplus \mathsf{Enc}(x_2)) = x_1 + x_2,$$
$$\mathsf{Dec}(\mathsf{Enc}(x_1) \otimes \mathsf{Enc}(x_2)) = x_1 \times x_2$$

を**完全準同型暗号**と呼びます．完全準同型暗号は長年の未解決問題でしたが，2009 年に Gentry によってはじめてその実現が示されました [13]．当初提案されたアルゴリズムは計算が非効率で実用は困難であると考えられていましたが，その後の改良（たとえば文献 [5]）によって効率性も改善されつつあり，ライブラリも公開されています *5．

12.2 準同型暗号による秘密計算の安全性

準同型暗号は IND-CPA 安全を達成しますが，**頑強性** *6 をもたず IND-CCA2 安全を達成しません．情報通信における安全性の確保が目的であるならば，準同型暗号より IND-CCA2 安全を保証する暗号系を用いた方がより安全です．また頑強性は暗号文の改ざんを防ぐという意味で重要な性質ではありますが，暗号文の準同型性と頑強性は明らかに両立しません．準同型暗号をそのまま用いた場合には改ざんの恐れがあります．準同型性暗号は頑強性と引き換えに計算上の利便性を得ており，それを用いて秘密計算を実現しているともいえます．

12.3 準同型暗号による秘密計算: 独立性検定への応用

準同型暗号によって暗号化された暗号文は，対応する平文を秘匿しつつ，その平文に関する演算を可能にすることから，秘密計算のビルディングブ

---

*5 https://github.com/shaih/HElib, https://github.com/lducas/FHEW

*6 頑強性とは，$c = \mathsf{Enc}(x)$ からどのような関係 F についても $x' = F(x)$ について $c' = \mathsf{Enc}(x')$ となるような c' を生成できない性質のことです．IND-CCA2 安全な暗号は頑強性を達成することが知られています．

表 12.1 個人ごとの心筋梗塞の有無（左）とタバコ購入履歴の有無（右）.

マイナンバー	氏名	心筋梗塞の有無
754321A	武田勝頼	あり
905473R	内村鑑三	なし
339829Q	真田昌幸	なし
889093X	徳川慶喜	なし
...	...	...

マイナンバー	氏名	喫煙習慣の有無
754321A	武田勝頼	あり
905473R	内村鑑三	なし
339829Q	真田昌幸	あり
889093X	徳川慶喜	あり
...	...	...

表 12.2 個人ごとの糖尿病の有無と喫煙習慣有無に関する分割表.

	喫煙習慣あり	喫煙習慣なし	
case（心筋梗塞あり）	n_{1A}	n_{1a}	n_1
control（心筋梗塞なし）	n_{2A}	n_{2a}	n_2
	n_A	n_a	n

ロックとして利用することができます．例 10.1 に示した独立性検定の秘密計算を準同型暗号を用いて実現する方法を紹介します．独立性検定の説明は 7.2 節を参照してください．

心筋梗塞の有無は医療保険会社が保持する個人属性データ（表 3.1）から得ることができます（**表 12.1**(左)）．定期的な喫煙の有無は，物販会社が保持する利用者マスタ（表 3.2）とタバコの購買履歴（表 3.3）を物販会社の手元で解析することで得ることができます（表 12.1(右)）．たとえば継続的に週に 1 回以上タバコの購入履歴があれば，喫煙習慣ありと見なすことにします．

ここでは簡単のために，医療保険会社における医療保険の利用者と，物販会社のサービス利用者が一致しているものとします．またマイナンバーをキーとして同一個人を結び付けることが可能であることを仮定します．

独立性検定の秘密計算の目標は，医療保険会社と物販会社が互いに情報を共有せずに，分割表（**表 12.2**）を得ることです．具体的には，医療保険会社と物販会社が互いの情報を準同型暗号で暗号化し，暗号文上の計算のみでこの分割表を得る方法を考えます．

12.3.1 分割表計算の 2-party 秘密計算

はじめに医療保険会社と物販会社の二者間のプロトコルを考えます．以降，医療保険会社を A，物販会社を B と書くことにします．

データの総数 n は秘密情報ではなく，A，B ともに知っているものとします．A は n 人の個人について，心筋梗塞の有無に関する情報を保持しています．i 番目の個人の心筋梗塞の有無を以下のように記述します．

$$x_i^A = \begin{cases} 0 \text{ if } i \text{ 番目の個人は心筋梗塞ではない} \\ 1 \text{ otherwise} \end{cases} \tag{12.5}$$

B は n 人の個人について，喫煙習慣の有無に関する情報を保持しています．同様に，i 番目の個人の喫煙習慣の有無を以下のように記述します．

$$x_i^B = \begin{cases} 0 \text{ if } i \text{ 番目の個人は喫煙習慣をもたない} \\ 1 \text{ otherwise} \end{cases} \tag{12.6}$$

ここで，A，B において i 番目の個人は同一人物を表すものとします．

n_1, n_2（心筋梗塞ありの人数，心筋梗塞なしの人数）は A がローカルで計算可能です．n_A, n_a（喫煙習慣ありの人数，喫煙習慣なしの人数）は B がローカルで計算可能ですから，これを A に送信します*7．よって A が n_{1A} を得ることができれば，n, n_1, n_2, n_A, n_a から分割表の残りの値はすべて計算することができます．

n_{1A} は以下の式より得ることができます．

$$n_{1A} = \sum_{i=1}^{n} x_i^A x_i^B \tag{12.7}$$

この計算は，x_i^A と x_i^B の個別の値を用いますから，A も B も単独では計算することができません．よって n_{1A} を計算するには秘密計算が必要です．このとき解くべき問題は以下のように定義できます．

定義 12.1（分割表の秘密計算）

A は $(x_1^A, \ldots, x_n^A)$ を保持し，B は $(x_1^A, \ldots, x_n^A)$ を保持しています．秘密計算プロトコルの実行後，A は n_{1A} を得ますがそれ以外は何も得ません．B は何も得ません．

---

*7 値をそのまま A に送信することは何かの情報を漏らしているように思えます．しかし，これらの値は秘密計算の出力しようとしている値そのものですから，B がこの値を A に直接送信しても問題ありません．

定義12.1をAとBの二者間のみで解く秘密計算の実現方法を説明します（**アルゴリズム 12.1**）．定義12.1の問題を解く**2-party プロトコル**は確率暗号であり，かつIND-CPA安全な加法準同型暗号で実現することができます．まず，AとBはセキュリティパラメータκに事前に合意しているものとします．また，入力する表のサイズには秘密情報ではなく，事前に共有しているものとします．式(12.7)の右辺の暗号文は，加法準同型性を用いて以下のように変形できます．

$$\mathsf{Enc}(n_{1A}) = \mathsf{Enc}\left(\sum_{i=1}^{n} x_i^A x_i^B\right)$$

アルゴリズム 12.1 分割表の 2-party プロトコル

入力. Alice: 表 12.1(左)
入力. Bob: 表 12.1(右)
出力. Alice: 表 12.2
出力. Bob: なし

1. Alice と Bob の合意事項: セキュリティパラメータ κ，入力する表のサイズ n
2. Alice は表 12.1(左)からローカルで n_1 を計算する
3. Bob は表 12.1(右)からローカルで n_A を計算し，Alice に送信する
4. Alice は加法準同型暗号の鍵を生成し $(\mathsf{pk}, \mathsf{sk}) \leftarrow \mathsf{Gen}(1^\kappa)$，Bob に公開鍵 pk を送信
5. Alice は式 (12.5) を評価し x_i^A を得る．Bob は式 (12.6) を評価し x_i^B を得る
6. Alice は $i = 1, \ldots, n$ について $c_i = \mathsf{Enc}(x_i^A)$ を計算し，Bob に送信
7. Bob は式 (12.9) を評価し，$c = \mathsf{Enc}(n_{1A}) \oplus \mathsf{Enc}(0)$ を Alice に送信
8. Alice は c を復号し，n_{1A} を得る．n, n_1, n_A, n_{1A} から分割表 12.2 を計算し，出力する

$$= \mathsf{Enc}(x_1^A x_1^B) \oplus \mathsf{Enc}(x_2^A x_2^B) \oplus \ldots \oplus \mathsf{Enc}(x_n^A x_n^B) \quad (12.8)$$
$$= \mathsf{Enc}(x_1^A)^{x_1^B} \oplus \mathsf{Enc}(x_2^A)^{x_2^B} \oplus \ldots \oplus \mathsf{Enc}(x_n^A)^{x_n^B} \quad (12.9)$$

ここで，$\mathsf{Enc}(x_1^A x_1^B)$ は，x_1^A を x_1^B 回加算した値の暗号文ですから，$\mathsf{Enc}(x_1^A)$ の x_1^B 回の加法準同型演算によって評価することができます．これをここでは以下のように表記しています．

$$\underbrace{\mathsf{Enc}(x_1^A) \cdot \mathsf{Enc}(x_1^A) \cdot \ldots \mathsf{Enc}(x_1^A)}_{x_1^B \text{回}} = \mathsf{Enc}(x_1^A)^{x_1^B} \quad (12.10)$$

準同型演算を B の手元で行うことにすれば，B の情報は平文のまま計算できることに注意してください．ステップ 7 において $\mathsf{Enc}(n_{1A})$ に $\mathsf{Enc}(0)$ を加算している理由は，次節の秘匿性の証明において説明します．

12.3.2　分割表計算の 2-party プロトコルの秘匿性

プロトコルに利用した準同型暗号が IND-CPA 安全であるという仮定において，この秘密計算プロトコルの秘匿性をシミュレーションに基づいて示します．

Alice がプロトコルの実行中に Bob から受け取ったメッセージは，n_A, c です．n_A は Bob がローカルで計算した値ですから，秘密計算において秘匿性を検討する必要がありません．Alice は c を復号でき n_{1A} を得ます．よって，c についての Alice のビュー c' を検討します．シミュレータは c' を以下のように生成します．まずシミュレータは Alice から受け取った公開鍵で Alice の出力 n_{1A} を暗号化し，これを c' とします．c は $\mathsf{Enc}(0)$ でランダム化されていますから，シミュレータが生成したビュー c' と区別できません（182 ページの脚注参照）．

Bob がプロトコルの実行中に Alice から受け取ったメッセージは，$\{c_1, \ldots, c_n\}$ です．シミュレータは $\{c'_1, \ldots, c'_n\}$ を以下のように生成します．まず任意の公開鍵 pk' と任意の平文を n 個生成し，その暗号文を $c'_1, \ldots, c'_n$ とします．仮定より準同型暗号は IND-CPA 安全であり，計算量的識別不可能性をもちますから，$\{c_1, \ldots, c_n\}$ とシミュレータが生成したビューは識別できません．よって，定義 10.1 において「分割表の 2-party プロトコル」は秘匿性をもちます．

12.3.3 分割表計算のアウトソーシング型秘密計算

続いて，この問題をアウトソーシング設定において解く秘密計算の実現方法を説明します．アウトソーシング型秘密計算では，医療保険会社 A，物販会社 B の他に，計算を支援する計算機の存在を仮定します．この計算機をサーバと呼ぶことにします．また A と B はサーバを介して通信するものとします．解くべき問題は以下のように定義されます．

1. A が分割表 12.2 を得ること
2. プロトコル終了後，A は分割表 12.2 以外の情報を得ないこと
3. プロトコル終了後，B とサーバは何の情報も得ないこと

アウトソーシング設定ではすべてのデータを暗号化してサーバに送信し，その後の計算はサーバに委託します．アウトソーシング設定においてもアルゴリズム 12.1 のステップ 5 までは同様に実行した上で，ステップ 6 においては，Alice も Bob も，自身のデータを暗号化しサーバに送信します．

サーバは $\{\mathsf{Enc}(x_i^A)\}_{i=1}^n, \{\mathsf{Enc}(x_i^B)\}_{i=1}^n$ から，式 (12.7) を評価し，それを Alice に返す必要があります．これは加法準同型暗号では評価できませんが，完全準同型暗号を用いることで，以下のように計算できます．

$$
\begin{aligned}
\mathsf{Enc}(n_{1A}) &= \mathsf{Enc}\left(\sum_{i=1}^{n} x_i^A x_i^B\right) \\
&= \mathsf{Enc}(x_1^A x_1^B) \oplus \mathsf{Enc}(x_2^A x_2^B) \oplus \ldots \oplus \mathsf{Enc}(x_n^A x_n^B) \qquad (12.11) \\
&= \{\mathsf{Enc}(x_1^A) \otimes \mathsf{Enc}(x_1^B)\} \oplus \{\mathsf{Enc}(x_2^A) \otimes \mathsf{Enc}(x_2^B)\} \\
&\quad \oplus \ldots \oplus \{\mathsf{Enc}(x_n^A) \otimes \mathsf{Enc}(x_n^B)\}.
\end{aligned}
$$

独立性検定のためのアウトソーシング秘密計算において，完全準同型暗号の実装 HELib を用いて計算効率化の工夫 [35] を導入すると，約 8000 サンプルについての分割表の評価に 0.043 秒程度の時間がかかることが報告されています [22]．

Chapter 13

秘匿回路による秘密計算

本章では，論理回路評価に対する秘密計算を説明します．任意の論理回路を，複数のパーティーがもつ任意の秘密入力について評価し，秘密入力を互いにシェアすることなく，その評価結果のみを各パーティーに出力する秘匿回路と呼ばれるアルゴリズムを紹介します．秘匿回路ではデータ解析対象とする関数をすべて論理回路で表現します．その計算時間は回路長に依存するため，文字列操作などコンパクトな論理回路で表現可能なデータ解析に向いた手法といえます．

13.1 秘匿回路

秘匿回路 [34] とはブーリアン回路の秘密計算を構成要素とした秘密計算の技術であり，1986 年に Yao によりその基礎が築かれました． 秘匿回路評価では，秘密計算の評価対象である関数 f を論理回路で記述します．$f:\{0,1\}^n \to \{0,1\}^*$ の論理回路表現を $C=(G,W)$ とします．G は論理ゲートの集合，W は論理ゲートの入出力線の集合です．秘匿回路においては，論理回路の各ゲートは AND, OR, NOT, NAND, NOR, XOR など真理値表で表現される任意のゲートを利用することができます．

秘匿回路では，2 つのパーティー，Alice と Bob が，それぞれ論理回路に対する秘密入力を保持しており，これを互いに共有せずに論理回路 C の評価結果を得る問題です．各論理ゲートにおいて，1 つの入力線しかもたないゲー

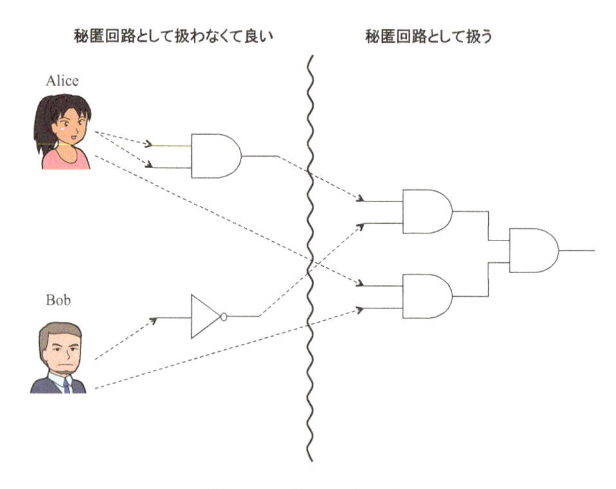

図 13.1 秘匿回路の例.

トは，Alice あるいは Bob がローカルで評価することができますから，秘匿回路として扱う必要がありません．また 2 つの入力線をもつゲートであっても，その両方が Alice あるいは Bob の入力である場合には同様の理由で秘匿回路として扱う必要がありません．よって，秘匿回路は，2 つの入力をもつ論理ゲートにおいて，1 つの入力は Alice から，もう 1 つの入力は Bob から提供される場合に，その入力を互いに共有せずにその論理ゲートを評価する問題として定式化することができます（図 **13.1**）.

13.1.1 秘匿回路の定式化

ゲート数 n の秘匿回路は以下の 2 つの関数によって定義されます．1 つは**秘匿回路生成関数** $\mathsf{Garble}(1^\kappa, C)$ です.

$$\mathsf{Garble}(1^\kappa, C) = (\tilde{C}, \{\ell_{i,b}\}_{i\in[n],b\in\{0,1\}}) \tag{13.1}$$

セキュリティパラメータ κ と回路 C を入力にとり，それ単体では理解でき

ないような [*1]，しかし入力に対して回路 C を正しく**評価する回路** (garbled circuit) $\tilde{C}$ と，garbled circuit の各入力線の入力に対応したラベル $\{\ell_{i,b}\}_{i\in[n],b\in\{0,1\}}$ を出力します．このラベルは，後に詳しく説明しますが暗号鍵の役割を果たします．

もう 1 つは秘匿回路評価関数 $\mathsf{Eval}(\tilde{C}, \{\ell_{i,b}\}_{i\in[n],b=x_i})$ です．

$$\mathsf{Eval}(\tilde{C}, \{\ell_{i,b}\}_{i\in[n],b=x_i}) = C(x) \tag{13.2}$$

garbled circuit $\tilde{C}$ と関数入力 $x = (x_1, x_2, \ldots, x_n)$ に対応するラベルを入力にとり，回路評価結果 $C(x)$ を出力します．

秘匿回路評価は正当性と秘匿性を満たす必要があります．任意の回路 C および任意の入力 x において，semi-honest に振る舞うパーティーによって garbled circuit が式 (13.1) において正しく生成されたとき，$\mathsf{Eval}(\tilde{C}, \{\ell_{i,b}\}_{i\in[n],b=x_i}) = C(x)$ が確率 1 で成り立つならば，秘匿回路は正当であるといいます．秘匿回路評価の秘匿性は 10 章で導入したシミュレーションによって示します．秘匿性については 13.5 節でもう一度考察します．

13.2 紛失送信

秘匿回路評価のビルディングブロックとして，**紛失送信**と呼ばれる秘密計算プロトコルが使われています．紛失送信とは，送信者が複数項目からなるリストを保持し，受信者がそのリストから取得したい情報のインデックスのみを保持しているときに，送信者に受信者がもつそのインデックスを与えることなく，受信者が送信者からリスト中のそのインデックスに対応する値を得るプロトコルです [28]．

一般に，n 個の項目から k 個のインデックスを指定して取得する紛失送信を **k-out-of-n OT** と呼びますが，ここでは，秘匿回路評価に使われる **1-out-of-2 OT** について説明します．

---

*1　garbled circuit はいわゆるプログラムの**難読化**とは本質的に異なる概念です．Web ページなどに埋め込まれ公開される javascript などのプログラムは，そのプログラムが実現する機能を第三者に把握させないことを目的として，故意にプログラムを冗長化し読みづらく構成することがあります．このような難読化の目的は，プログラムの挙動をプログラム単体からは把握されないようにする点にあります．これに対し，garbled circuit は，評価する論理回路そのものは秘密情報として扱われません．複数のパーティーが論理関数に入力される入力値が互いに共有されないことを暗号理論的に保証しつつ，正しい評価結果を出力することを目的とするものです．

送信者である Alice は，2 つの入力 x_0, x_1 を保持しています．受信者である Bob は 1 つの入力ビット $b \in \{0,1\}$ を指定し，Alice の 2 つの入力のうち指定した x_b を受信します．紛失送信とは，

1. Alice に Bob の指定した入力ビット b を知らせない
2. Bob に指定しなかった方の入力 $x_{\bar{b}}$ を知らせない

という条件の下で，Bob が x_b を受け取る問題です．先ほど定義したプロトコルの記法では，紛失送信は $((x_0, x_1), b) \mapsto (\emptyset, x_b)$ となります．

紛失送信にはさまざまな実現がありますが，ここでは RSA 公開鍵暗号方式に基づく実現方法を示します．

RSA 公開鍵暗号

2 つの異なる素数を $p \neq q$，その積を $N = pq$ とします． また $\phi(N) = (p-1)(q-1)$ とし，$\phi(N)$ 未満の $\phi(N)$ と互いに素な数を e とします．また $de = 1 \mod \phi(N)$ を満たす d を求めます．RSA 暗号の公開鍵は $\mathsf{pk} = (e, N)$，秘密鍵は $\mathsf{sk} = d$ となります．

RSA 公開鍵暗号の暗号化は平文 $x \in \mathbb{Z}_N$ について

$$c = \mathsf{Enc}(x, \mathsf{pk}) = x^e \mod N \tag{13.3}$$

RSA 公開鍵暗号の復号は暗号文 $c \in \mathbb{Z}_N$ について

$$x = \mathsf{Dec}(c, \mathsf{sk}) = c^d \mod N \tag{13.4}$$

で与えられます．

1-out-of-2 紛失送信 [12] をアルゴリズム **13.1** に示します．

アルゴリズム 13.1 1-out-of-2 紛失送信

入力. Alice: x_0, x_1
入力. Bob: $b \in \{0,1\}$
出力. Alice: なし
出力. Bob: x_b

1. Alice は RSA 公開鍵暗号の鍵ペア $(\mathsf{pk}, \mathsf{sk})$ を生成する
2. Alice は 2 つの乱数 $r_0, r_1 \in \mathbb{Z}_N$ を生成し，公開鍵 pk とともに Bob に送信する
3. Bob は乱数 $k \in \mathbb{Z}_N$ を生成し，$v = \mathsf{Enc}(k, \mathsf{pk}) + r_b \mod N$ を Alice に送信する
4. Alice は $k_0 = \mathsf{Dec}(v - r_0 \mod N, \mathsf{sk})$ および $k_1 = \mathsf{Dec}(v - r_1 \mod N, \mathsf{sk})$ を計算する
5. Alice は $x'_0 = x_0 + k_0 \mod N$ および $x'_1 = x_1 + k_1 \mod N$ を計算し，両方を Bob に送信する
6. Bob は $x_b = x'_b - k \mod N$ を計算し，x_b を得る

まず紛失送信プロトコルが正しく Bob の望む x_b を正しく送信できていることを確認します．アルゴリズム 13.1 のステップ 4 で Alice が復号している k_0 および k_1 は，Bob の指定したインデックス b について，

$$
\begin{aligned}
k_b &= \mathsf{Dec}(v - r_b \mod N, \mathsf{sk}) \\
&= \mathsf{Dec}(\mathsf{Enc}(k, \mathsf{pk}) + r_b - r_b \mod N, \mathsf{sk}) \\
&= \mathsf{Dec}(\mathsf{Enc}(k, \mathsf{pk}) \mod N, \mathsf{sk}) = k
\end{aligned}
$$

となります．よってステップ 5 で Alice が送信する値は $x'_b = x_b + k$ となり，ステップ 6 で Bob は正しく $x'_b - k = x_b$ を得ることができます．

次に，紛失送信プロトコルが Alice および Bob に正しいプロトコルの出力以外の値を与えないことを確認します．厳密には 10 章で導入したシミュレーションを用いて示す必要がありますが，ここでは直感的な説明にとどめ

ます．Aliceが紛失送信プロトコルの実行中に得る値は，$v = \mathsf{Enc}(k, \mathsf{pk}) + r_b \mod N$ のみです．Bobが選んだ r_b は，Bobが生成した乱数 k の暗号文 $\mathsf{Enc}(k, \mathsf{pk})$ でマスクされますから，これからBobの入力ビット b を得ることはできません．

Bobが紛失送信プロトコルの実行中に得る値は，k_b および $k_{\bar{b}}$ です．ここで $\bar{b}$ はBobが指定しなかったbitを表します．k_b からは上に示したようにBobが指定した b に対応する x_b を得ます．仮にBobが $k_{\bar{b}}$ について同様の操作を行ったとしても，

$$\begin{aligned} k_{\bar{b}} &= \mathsf{Dec}(v - r_{\bar{b}} \mod N, \mathsf{sk}) \\ &= \mathsf{Dec}(\mathsf{Enc}(k, \mathsf{pk}) + r_b - r_{\bar{b}} \mod N, \mathsf{sk}) \end{aligned}$$

となり，ステップ4でAliceはランダムな値 $\mathsf{Enc}(k, \mathsf{pk}) + r_b - r_{\bar{b}}$ を復号していますから，$k_{\bar{b}}$ も意味のないランダムな値となり，ステップ6でBobは意味のないランダムな値を得ます．つまり，$x_{\bar{b}}$ を得ることはできません．

13.3 秘匿回路生成

秘匿回路生成はどんな種類のゲートもほぼ同様のアルゴリズムで生成されますが，ここではもっとも基本的なANDゲートの生成を説明します．秘匿回路は，回路中の各ゲート $g \in C$ について，その真理値表を暗号文を用いて表現することで実現します．ここでは2入力1出力のANDゲートを例に秘匿回路の生成を説明します．ゲート g の2入力のうち，Aliceの入力を x_A，Bobの入力を x_B とします．また秘匿回路生成はAliceが行い，秘匿回路評価の出力 y はBobが得るものとします．ANDゲートの真理値表の例は**表13.1**のとおりです．

表 13.1　ANDゲートの真理値表．

input x_A	input x_B	output y
0	0	0
0	1	0
1	0	0
1	1	1

表 13.2 AND ゲート g の暗号化された真理値表．簡単のため $\mathsf{Enc}(x, \mathsf{k})$ を $\mathsf{Enc}_{\mathsf{k}}(x)$ と表記します．

input x_A	input x_B	output y	encrypted
0	0	0	$c_{00}^g = \mathsf{Enc}_{\mathsf{k}_0^{w_A}}(\mathsf{Enc}_{\mathsf{k}_0^{w_B}}(\mathsf{k}_0^{w_C} \| 0^k))$
0	1	0	$c_{01}^g = \mathsf{Enc}_{\mathsf{k}_0^{w_A}}(\mathsf{Enc}_{\mathsf{k}_1^{w_B}}(\mathsf{k}_0^{w_C} \| 0^k))$
1	0	0	$c_{10}^g = \mathsf{Enc}_{\mathsf{k}_1^{w_A}}(\mathsf{Enc}_{\mathsf{k}_0^{w_B}}(\mathsf{k}_0^{w_C} \| 0^k))$
1	1	1	$c_{11}^g = \mathsf{Enc}_{\mathsf{k}_1^{w_A}}(\mathsf{Enc}_{\mathsf{k}_1^{w_B}}(\mathsf{k}_1^{w_C} \| 0^k))$

1 つのゲートは 2 つの入力線と 1 つの出力線をもちます．この入出力線の集合を $W = \{w_A, w_B, w_C\}$ とします．w_A, w_B はそれぞれ Alice，Bob の入力線です．w_C は出力線です．秘匿回路生成において，Alice は各入出力線 $w \in W$ および各入力 $b \in \{0,1\}$ においてランダムに秘密鍵暗号の暗号鍵 $\mathsf{k}_b^w \in \{0,1\}^\kappa$ を選びます．この暗号鍵を使い，ゲート g の暗号化された真理値表を秘密鍵暗号を用いて**表 13.2** のように生成します．

暗号化された真理値表は，入力の組み合わせについて，その出力に対応した暗号鍵を暗号化しています．たとえば，ゲート $g \in C$ における Alice の入力 $x_A = 1$，Bob の入力 $x_B = 0$ の AND 演算 $1 \wedge 0 = 0$ については（表 13.2 の 3 行目），出力線 w_C の出力 0 に対応した暗号鍵 $\mathsf{k}_0^{w_C}$を，Bob の入力線 w_B の入力 0 に対応した暗号鍵 $\mathsf{k}_0^{w_B}$ と，Alice の入力線 w_A の入力 1 に対応した暗号鍵 $\mathsf{k}_1^{w_A}$ とで二重に暗号化します．暗号鍵 $\mathsf{k}_0^{w_C}$ は，末尾に k 桁を 0 として暗号化されていることに注意してください（理由は後述します）．

ゲートの出力が回路の出力 $C(x)$ に対応する場合は，暗号鍵ではなく出力を直接二重暗号化します．具体的には $\mathsf{k}_0^{w_C} = 0, \mathsf{k}_1^{w_C} = 1$ とします．

この暗号化真理値表が秘匿回路として動作します．暗号化真理値表 $c_{00}^g \sim c_{11}^g$ は評価のために Bob に送信されますが，並び順が何らかの情報を漏洩することを防ぐために，ランダムにシャッフルする必要があります．たとえば以下はランダムシャッフルされたゲート $\tilde{g}$ の秘匿回路の一例です．

$$\tilde{g} = (c_{10}^g, c_{01}^g, c_{00}^g, c_{11}^g) \tag{13.5}$$

13.4 秘匿回路評価

秘匿回路中のゲート $\tilde{g} \in \tilde{C}$ について，下層のゲートから順番に評価を行います．以下に評価フェーズの流れを説明します．

1. Alice は各ゲート $\tilde{g} \in \tilde{C}$ および各ゲート $\tilde{g}$ について，自身の入力線 w_A および入力 x_A に対応した暗号鍵 $\mathsf{k}_{x_A}^{w_A}$ を Bob に送信します．
2. Bob は自身の入力線 w_B および入力 x_B に対応した暗号鍵 $\mathsf{k}_{x_B}^{w_B}$ を Alice から 1-out-of-2 OT によって取得します．
3. Bob は Alice の入力に対応した $\mathsf{k}_{x_A}^{w_A}$ の鍵および Bob の入力に対応した鍵 $\mathsf{k}_{x_B}^{w_B}$ を用いて，$\tilde{g}$ の各要素を復号します．

Alice および Bob が秘匿回路生成および秘匿回路評価において semi-honest に振る舞う場合，ステップ 2 において Bob は，それぞれの入力線とその入力に応じた鍵を得ています．ステップ 3 において，Alice から取得した暗号化真理値表に含まれる 4 つの暗号文を取得した 2 つの鍵によって Bob がすべて復号したとき，正しい入力の組み合わせに対応した鍵の組み合わせで復号した場合に限り，出力の末尾に 0^k が現れるため，それに付属して復号された鍵が，秘匿回路の出力となることがわかります．

処理中のゲートの出力が次のゲートの入力となる場合には，出力された暗号鍵を入力として次のゲートの秘匿回路評価を行います．処理中のゲートの出力が回路の出力となる場合には，復号結果がそのまま出力となります．

13.5 秘匿回路評価の秘匿性

直感的に秘匿回路評価の秘匿性を評価します．Bob は Alice から暗号化真理値表, Alice の入力に対応した暗号鍵を取得します．また 1-out-of-2 OT を通じて Bob の入力に対応した暗号鍵を取得します．Alice の入力に対応した暗号鍵は，Aice の入力値とは独立にランダムに選択されているため，Alice の入力に関する情報を含みません．また暗号化真理値表に含まれる暗号文は，2つの暗号鍵によって二重に暗号化されています．これを取得したBobは，そのうち1つのみ復号に成功し，それは秘匿回路評価の出力に相当します．それ以外の暗号文については鍵が揃わないため，復号結果は意味をなさないランダムな値となります．よってその秘匿性は利用した秘密鍵暗号系の秘匿性に依存します．

BobはAliceから1-out-of-2 OTを通じてBobの入力に関連する情報を受け取ります．その秘匿性は13.2節に示したように1-out-of-2 OTにおいて使われる公開鍵暗号系に依存します．

これらより，秘匿回路評価において用いた秘密鍵暗号系と1-out-of-2 OTにおいて用いた秘密鍵暗号系が安全であるならば，秘匿回路評価もそれに応じた秘匿性が達成されることがわかります．

厳密には秘匿回路評価の安全性はシミュレーションに基づき示します．semi-honestなパーティーによってgarbled circuitが式(13.1)において正しく生成されたとします．Aliceの入力をx_A，Bobの入力をx_Bとします．このとき$x_A \| x_B = x \in \{0,1\}^n$です．定義10.1に従えば，秘匿回路評価Evalが秘匿性をもつことは，以下の関係を満たす確率的多項式時間アルゴリズムS_AおよびS_Bが存在することと等価です．

$$
\begin{aligned}
\{\mathrm{view}_{\mathrm{A}}^{\mathsf{Eval}}(\tilde{C}, \{\ell_{i,b}\}_{i\in[n],b=x_i})\}_{x\in\{0,1\}^n} &=_c \{S_A(x_A, C(x))\}_{x\in\{0,1\}^n} \\
\{\mathrm{view}_{\mathrm{B}}^{\mathsf{Eval}}(\tilde{C}, \{\ell_{i,b}\}_{i\in[n],b=x_i})\}_{x\in\{0,1\}^n} &=_c \{S_B(x_B, C(x))\}_{x\in\{0,1\}^n}
\end{aligned}
$$

ここで，$\mathrm{view}_{\mathrm{A}}^{\mathsf{Eval}}$および$\mathrm{view}_{\mathrm{B}}^{\mathsf{Eval}}$は秘匿回路評価Eval実行時におけるAliceおよびBobのビュー，S_AおよびS_BはAliceおよびBobのシミュレーターです．

garbled circuitの秘匿性の厳密な証明はかなり複雑になりますので，ここでは示しませんが，たとえば文献[21]に厳密な証明が示されています．

13.6 秘匿回路評価の実行例

秘匿回路評価はその名のとおり，論理回路で表現された関数を秘密計算として実行するアルゴリズムです．その実行時間は論理回路のゲート数や深さ[*2]によって決まりますから，少ないゲート数および浅い回路で実現できる計算に適しています．また最適化により論理回路のゲート数を削減することで高速化することが可能です．一方で，入力のサイズに比してゲート数の増加が大きい計算，たとえば行列積の計算などには不向きです．

秘匿回路評価は提案当初（1986年）は理論上のコンセプトとして研究されていましたが，さまざまな高速化の工夫の積み重ねによって，近年では実用的な時間での秘密計算が実現しつつあります．Obliv-C[*3]という秘匿回路のライブラリでは，8 bit アルファベットで表現された100文字の文字列のハミング距離の秘密計算の評価時間が0.051秒，200文字の文字列のLevenshtein距離の秘密計算の評価時間が18.4秒であったとの報告があります[16]．

*2 論理回路の大きさや深さによる関数の複雑さの評価を**回路計算量** (circuit complexity) といいます．

*3 http://www.mightbeevil.org/

Chapter 14

秘密分散による秘密計算

本章では，秘密分散による秘密計算を説明します．秘密分散とは秘密情報を複数の情報に分割し，分散管理するための技術です．秘密分散によって分割された情報（これをシェアと呼びます）は，単独では元の情報を復元することができませんが，一定数以上のシェアを集めると元の情報を復元することができます．秘密入力を秘密分散によって複数のシェアに分割し複数の者に分配し，シェアのままであらかじめ定めた関数を評価し，その評価結果のみを各者に出力する秘密分散型の秘密計算を紹介します．

14.1 秘密分散

秘密情報を整数 x とし，これを m 人で分散して保持することを考えます．$\theta \leq m$ において，(θ, m) 閾値秘密分散法による秘密分散は，以下の確率的多項式アルゴリズム deal と多項式アルゴリズム recovery により定式化されます．秘密情報の保有者は，秘密情報から deal アルゴリズムにより m 個のシェアを生成します．

$$(u_1, u_2, \ldots, u_m) \leftarrow \mathsf{deal}(x, m) \tag{14.1}$$

ただし，シェアは以下の性質をもちます．

1. $\theta - 1$ 個以下のシェアからは，元の情報について何の情報も得られません.

2. θ 個のシェアからは，元の情報が完全に復元できます.

秘密情報の保有者は m 人のシェア保有者にそれぞれ異なるシェアを渡します. m 人中 θ 人以上のシェア保有者が協力した場合には，θ 個のシェア $(u_{\pi(1)}, u_{\pi(2)}, \ldots, u_{\pi(\theta)})$ が収集できますから，recovery アルゴリズムにより元の情報が簡単に復元できます.

$$x \leftarrow \mathsf{recovery}(u_{\pi(1)}, u_{\pi(2)}, \ldots, u_{\pi(\theta)}) \tag{14.2}$$

ここで $\pi(1), \ldots, \pi(\theta)$ は協力したシェア保有者のインデックスです. 協力者が $\theta - 1$ 人以下の場合には，シェアからは秘密情報について何の情報も得ることができません. このような性質をもつ秘密分散を (θ, m)-**閾値秘密分散法**と呼びます.

14.1.1 加法的シェアによる秘密分散

はじめに**加法的シェア**による (m, m)-閾値秘密分散法を説明します. 整数集合 $\mathbb{Z}$ の元を q で割った余りの集合 $\{0, 1, 2, \ldots, q-1\}$ を $\mathbb{Z}/q\mathbb{Z}$ と書くのでした. 加法的シェアは，秘密情報もシェアも $\mathbb{Z}/q\mathbb{Z}$ の要素として与えられます.

秘密情報 $x \in \mathbb{Z}/q\mathbb{Z}$ について，シェアは

$$x = u_1 + u_2 + \ldots + u_m \mod q \tag{14.3}$$

を満たすように生成します. ここで，$m-1$ 個のシェアは $\mathbb{Z}/q\mathbb{Z}$ 上に一様に分布するように生成されます. 残りの 1 つのシェアは，式 (14.3) が成立するように決めます.

m 個のシェアを収集できた場合には当然

$$x = \mathsf{recovery}(u_1, u_2, \ldots, u_m) = u_1 + u_2 + \ldots + u_m \mod q \tag{14.4}$$

により元の秘密情報を復元することができます.

$m-1$ 個のシェアしか収集できなかった場合には，どのシェアも一様分布に従いますから，情報理論的安全性が保証されます.

ワンタイムパッドは $\mathbb{Z}/2\mathbb{Z}$ における (2, 2) 閾値秘密分散法における加法的

シェアと解釈できます.

14.1.2 多項式による秘密分散

(θ, m)-閾値秘密分散法による秘密分散はShamirらによって提案されました[31]. ここでも，秘密情報は$\mathbb{Z}/q\mathbb{Z}$の要素として与えられます.

まず(θ, m)-閾値秘密分散法のdealアルゴリズムを説明します. 秘密情報を定数項にもち，1次から$\theta-1$次係数$(a_1, \ldots, a_{\theta-1})$が$\mathbb{Z}/q\mathbb{Z}$上からそれぞれ一様ランダムに選択された要素であるような以下の多項式を生成します.

$$f(z) = x + a_1 z + a_2 z^2 + \ldots + a_{\theta-1} z^{\theta-1} \mod q \tag{14.5}$$

この多項式を用いてi番目のシェアを$u_i = (i, f(i))$とします. $f(z)$は$\theta-1$次多項式ですから，$\theta-1$個以下のシェアしか集まらない場合は多項式は不定です.

続いて，recoveryアルゴリズムを説明します. シェア$u_i = (i, f(i))$をθ個集めれば$f(z)$を一意に決定することができます. 多項式が決定すれば，秘密情報は$x = f(0)$より直ちに求まります.

この方式においても，情報理論的安全性が保証されます.

14.2 秘密分散による秘密計算

秘密分散そのものは秘密計算のために構築された技術ではありません. 秘密分散は，秘密情報が他者にのぞき見られないように安全に分散化し，ある一定の条件を満たしたときにだけ，元の情報に効率的に復元できるようにする，アクセスコントロールのための手法です.

秘密分散によって分散化された情報を用いて，何らかの関数fを評価したいとしましょう. もしrecoveryアルゴリズムを経由せずに，シェア自体を入力として元の情報に復元することなく関数fを評価できるならば，秘密計算が実現できます. (m, m)-閾値秘密分散法における加法的シェアを用いた秘密計算法を紹介します（図**14.1**）.

14.2.1 秘密分散による加算と公開された数の乗算

秘密情報$x_1, x_2 \in \mathbb{Z}/q\mathbb{Z}$の加法的シェアによる秘密分散を

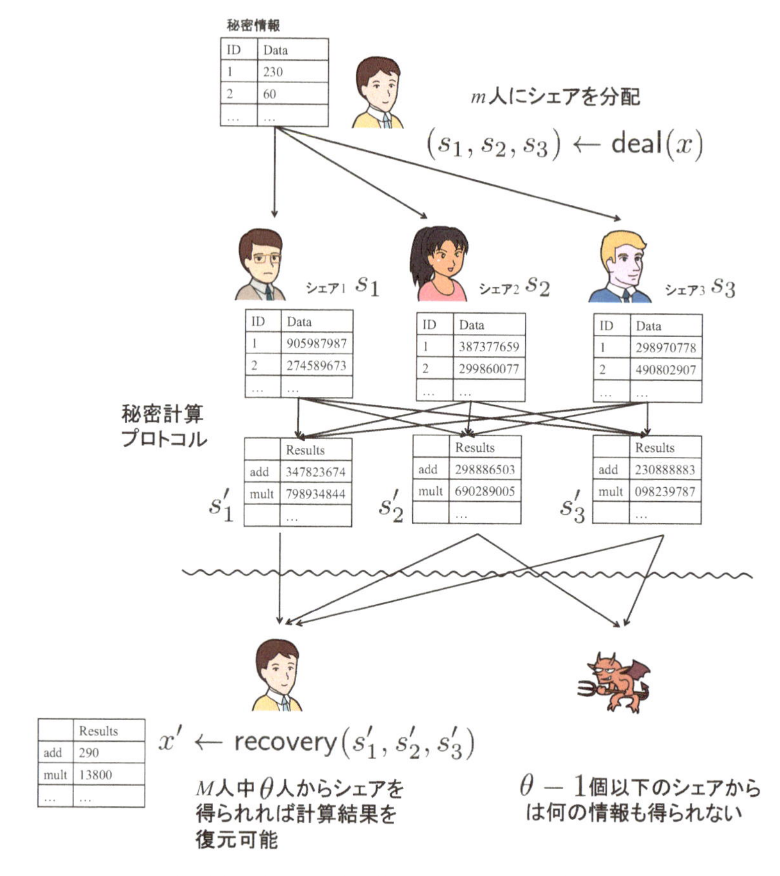

図 14.1　(m, m)-閾値秘密分散法における秘密計算.

$$(u_1, u_2, \ldots, u_m) \leftarrow \mathsf{deal}(x_1) \tag{14.6}$$

$$(v_1, v_2, \ldots, v_m) \leftarrow \mathsf{deal}(x_2) \tag{14.7}$$

とします．これをシェア共有者に分配します．i 番目のシェア共有者は u_i と v_i を所持しているとします．ここで $x_1 = \sum_{i=1}^{m} u_i \mod q, x_2 = \sum_{i=1}^{m} v_i \mod q$ であることに注意してください．

このとき，それぞれのシェア共有者がローカルで $u'_i \leftarrow u_i + v_i \mod q$ を計算すれば，$(u'_1, \ldots, u'_m)$ は $x = x_1 + x_2 \mod q$ のシェアとなります．こ

のことは，

$$\sum_{i=1}^{m} u_i' \mod q = \sum_{i=1}^{m} u_i + v_i \mod q$$
$$= \sum_{i=1}^{m} u_i + \sum_{i=1}^{m} v_i \mod q = x_1 + x_2 \mod q$$

から確認できます．つまり，加法的シェアは recovery を用いずに和の計算が可能です．

同様の理由で，秘密情報 $x \in \mathbb{Z}/q\mathbb{Z}$ の加法的シェアによる秘密分散を $(u_1, \ldots, u_m)$ とし，C を $\mathbb{Z}/q\mathbb{Z}$ 上の公開情報であるとすると，それぞれのシェア共有者がローカルで $u_i' \leftarrow Cu_i \mod q$ を計算すれば，$(u_1', \ldots, u_m')$ は $x' = Cx$ のシェアとなります．つまり，加法的シェアは recovery を用いずに公開された値との積の計算が可能です．ここで，実現している加法・乗法は剰余類環における加法・乗法であることに注意してください．

例 14.1　（加法的シェアにおける和の秘密計算）

秘密情報 7，$4 \in \mathbb{Z}/23\mathbb{Z}$ のシェアをそれぞれ，$(5, 14, 11), (12, 20, 18)$ とします．これらがシェアであることは $7 = 5 + 14 + 11 \mod 23$，$4 = 12 + 20 + 18 \mod 23$ から確認できます．1 番目のパーティーは 1 番目のシェア $(5, 12)$ を，2 番目のパーティーは 2 番目のシェア $(14, 20)$ を，3 番目のパーティーは 3 番目のシェア $(11, 18)$ を，それぞれ保持しています．

このとき，加法的シェアにおける和の秘密計算は，各パーティーにおいて以下のように実行されます．

$$5 + 12 \mod 23 = 17$$
$$14 + 20 \mod 23 = 11$$
$$11 + 18 \mod 23 = 6$$

これより得たシェア $(17, 11, 6)$ を復元すると，$\mathrm{recovery}(17, 11, 6) = 17 + 11 + 6 \mod 23 = 11$ を得ます． 結果が入力の $7 + 4 \mod 23 = 11$ と一致することから，正しく和の秘密計算ができていることがわかります．

14.2.2 秘密分散による乗算: 非公開な数の乗算

秘密分散された数同士の乗算はもう少し複雑です．秘密情報 $x_1, x_2 \in \mathbb{Z}/q\mathbb{Z}$ の加法的シェアによる秘密分散を式 (14.6) および式 (14.7) で与えたとき，その積は

$$x_1 x_2 = \left(\sum_i u_i\right)\left(\sum_i v_i\right) = \sum_{i=1}^{m} u_i v_i + \sum_{i \neq j}^{m} u_i v_j \tag{14.8}$$

で与えられます．これを以下の形式のシェアで得る乗算プロトコルを考えます．

$$x_1 x_2 = \sum_{i=1}^{m} u'_i \mod q \tag{14.9}$$

式 (14.8) の右辺第一項は各シェア共有者がローカルで計算できますが，右辺第二項はシェア共有者 i とシェア共有者 j のシェアの積が必要ですからローカルでは計算できません．積 $u_i v_j$ をシェア共有者 k が協力し，その結果を三者で秘密分散し，計算するプロトコルを**アルゴリズム 14.1** に示します．

アルゴリズム 14.1 秘密分散による乗算プロトコル

入力.シェア共有者 i: u_i，シェア共有者 j: v_j

出力.シェア共有者 i: u'_i，シェア共有者 j: u'_j，シェア共有者 k: u'_k，ただし $u'_i + u'_j + u'_k = u_i v_j \mod q$

1.シェア共有者 k は一様ランダムに $\alpha_i, \alpha_j \in \mathbb{Z}/q\mathbb{Z}$ を選択し，α_i をシェア共有者 i に，α_j をシェア共有者 j に送信

2-1.シェア共有者 i は $u_i + \alpha_i$ を計算し，シェア共有者 j に送信

2-2.シェア共有者 j は $v_j + \alpha_j$ を計算し，シェア共有者 i に送信

3-1.シェア共有者 i は $u'_i = -(u_i + \alpha_i)(v_j + \alpha_j) + u_i(v_j + \alpha_j) \mod q$ を計算

3-2.シェア共有者 j は $u'_j = (u_i + \alpha_i)v_j \mod q$ を計算

3-2.シェア共有者 k は $u'_k = \alpha_i \alpha_j \mod q$ を計算

このプロトコルの正しさは，

$$
\begin{aligned}
u'_i + u'_j + u'_k &= -(u_i + \alpha_i)(v_j + \alpha_j) + u_i(v_j + \alpha_j) \\
&\quad +(u_i + \alpha_i)v_j + \alpha_i\alpha_j = u_i v_j
\end{aligned}
$$

が成り立つことから確認できます．

この乗算プロトコルを用いることで，積 x_1x_2 の秘密計算を実現します．簡単のため，$m=3$ とします．このとき，式 (14.8) を計算するにはローカルに計算できる式 (14.8) の右辺第一項を除き，u_1v_2，u_1v_3，u_2v_1，u_2v_3，u_3v_1，u_3v_2 の 6 つの積を計算します．6 つの積をそれぞれ乗算プロトコルを用いて 3 者間で並行に計算します．また式 (14.8) の右辺第一項は，各パーティーがローカルに計算します．これによって，積 x_1x_2 が計算されています．

復元するには，6 つの乗算プロトコルの出力をすべて加算し右辺第一項を復元し，各パーティーがローカルに計算した値をすべて加算し右辺第二項を求め，これを式 (14.8) において加算します．

このように，加法的シェアを用いることで，加法と乗法の秘密計算を実現することができます．

14.3 秘密分散による汎用的な秘密計算と実装

mod 2 の乗法は AND ゲートの評価に相当します．また 1 人のシェア共有者（たとえば 1 番目のシェア共有者）による mod 2 における 1 の加算は NOT ゲートの評価に相当します．これらから，NAND ゲートの秘密計算が実現します．任意の論理回路は NAND ゲートのみで表現できますから，原理的には，加法的シェアによる秘密計算によって任意の論理関数を評価できることになります．

現実的には，このような一般的な構成による実装はゲート数が爆発する傾向にあり非効率的です．加法的シェアによる秘密計算は加算や公開された数による乗算が高速であるという特徴をもちます．この特徴を活かし，対象とする関数の特徴に応じて評価ゲート数が少なくなるようプロトコルをカスタマイズし，高速化を行うことが一般的です．

14.4 秘密分散による秘密計算の安全性

厳密には 10 章に示したシミュレーションに基づいて安全性を示す必要がありますが，ここでは直感的に安全性を説明します．

各シェア共有者に配分される加法的シェアは秘密分散の性質から，入力の秘匿性は情報理論的識別不可能性により保証されます．加算プロトコルでは各シェア共有者の間で一切情報を共有しませんから，加算プロトコルは秘匿性を変えません．乗算プロトコルでは k から i, j に 2 つの乱数が送られます．これは入力と無関係ですから秘匿性を変えません．続いて i から j に，j から i にそれぞれメッセージが送られますが，このメッセージは k から送られた乱数によってランダム化されています．よって k と i，あるいは k と j が共謀しないかぎり，情報理論的識別不可能性が保証されています．式 (14.8) の乗算は，乗算プロトコルの i, j, k の立場を入れ替えて繰り返し実行するため，任意の 2 パーティーが共謀しないかぎり，秘密分散による積の計算の秘匿性は，情報理論的識別不可能性により保証されます．

加算および乗算において情報理論的識別不可能性に基づく秘匿性が保証されますから，秘密分散による秘密計算は，原理的には任意の論理関数について情報理論的識別不可能性に基づく秘匿性が保証されます．

14.5 秘密分散による秘密計算の実装

加法的シェアによる秘密計算の実装例として，Sharemind が知られています [4]．Sharemind による秘密計算では，1 万次元のベクトルの内積計算に約 0.15 秒，10 万次元のベクトルの内積計算に約 0.55 秒，1 万要素の数値の比較に約 25 秒，10 万要素の数値の比較に約 275 秒を要しています．

Sharemind による秘密計算の開発環境は研究目的において無料で提供されています *1．

*1 https://sharemind.cyber.ee/

B i b l i o g r a p h y

参考文献

[1] M. Bellare and P. Rogaway. Optimal asymmetric encryption. *Advances in Cryptology–EUROCRYPT'94*, pp. 92–111, Springer, 1994.

[2] J. G. Bethlehem, W. J. Keller, and J. Pannekoek. Disclosure control of microdata. *Journal of the American Statistical Association*, 85(409):38–45, 1990.

[3] D. Bleichenbacher. Chosen ciphertext attacks against protocols based on the RSA encryption standard PKCS#1. *Advances in Cryptology–CRYPTO'98*, pp. 1–12, Springer, 1998.

[4] D. Bogdanov, S. Laur, and J. Willemson. Sharemind: A framework for fast privacy-preserving computations. In *Proceedings of European Symposium on Research in Computer Security (ESORICS) 2008*, pp. 192–206, Springer, 2008.

[5] Z. Brakerski and V. Vaikuntanathan. Efficient fully homomorphic encryption from (standard) LWE. *SIAM Journal on Computing*, 43(2):831–871, 2014.

[6] K. Chaudhuri, C. Monteleoni, and A. D. Sarwate. Differentially private empirical risk minimization. *The Journal of Machine Learning Research*, 12:1069–1109, 2011.

[7] C. Dwork. Differential privacy. *Automata, languages and programming*, pp. 1–12, Springer, 2006.

[8] C. Dwork, F. McSherry, K. Nissim, and A. Smith. Calibrating noise to sensitivity in private data analysis. In *Proceedings of Theory of Cryptography Conference (TCC) 2006*, pp. 265–284, Springer, 2006.

[9] C. Dwork and A. Roth. The algorithmic foundations of differential privacy. *Foundations and Trends in Theoretical Computer Science*,

9(3-4), 2014.

[10] C. Dwork, G. N. Rothblum, and S. Vadhan. Boosting and differential privacy. In *Proceedings of the 51st Annual IEEE Symposium on Foundations of Computer Science (FOCS) 2010*, pp. 51–60, 2010.

[11] T. ElGamal. A public key cryptosystem and a signature scheme based on discrete logarithms. *IEEE Transactions on Information Theory*, 31(4):469–472, 1985.

[12] S. Even, O. Goldreich, and A. Lempel. A randomized protocol for signing contracts. *Communications of the ACM*, 28(6):637–647, 1985.

[13] C. Gentry. Fully homomorphic encryption using ideal lattices. In *Proceedings of Symposium on Theory of Computing (STOC) 2009*, pp. 169–178, 2009.

[14] O. Goldreich. *Foundations of cryptography: volume 2, basic applications.* Cambridge university press, 2009.

[15] N. Homer, S. Szelinger, M. Redman, D. Duggan, W. Tembe, J. Muehling, J. V. Pearson, D. A. Stephan, S. F. Nelson, and D. W. Craig. Resolving individuals contributing trace amounts of DNA to highly complex mixtures using high-density SNP genotyping microarrays. *PLoS Genet*, 4(8):e1000167, 2008.

[16] Y. Huang, D. Evans, J. Katz, and L. Malka. Faster secure two-party computation using garbled circuits. In *Proceedings of the 20th USENIX Conference on Security*, 2011.

[17] P. Jain and A. G. Thakurta. (Near) dimension independent risk bounds for differentially private learning. In *Proceedings of The 31st International Conference on Machine Learning (ICML) 2014*, pp. 476–484, 2014.

[18] S. P. Kasiviswanathan and A. Smith. On the'Semantics' of differential privacy: A Bayesian formulation. *Journal of Privacy and*

Confidentiality, 6(1):1–16, 2014.

[19] D. Kifer, A. Smith, and A. Thakurta. Private convex empirical risk minimization and high-dimensional regression. *Journal of Machine Learning Research*, 23:25.1–25.40, 2012.

[20] K. LeFevre, D. J. DeWitt, and R. Ramakrishnan. Incognito: Efficient full-domain k-anonymity. In *Proceedings of the 2005 ACM SIGMOD international conference on Management of data*, pp. 49–60, ACM, 2005.

[21] Y. Lindell and B. Pinkas. A proof of security of Yao's protocol for two-party computation. *Journal of Cryptology*, 22(2):161–188, 2009.

[22] W. Lu, Y. Yamada, and J. Sakuma. Efficient secure outsourcing of genome-wide association studies. In *Proceedings of Security and Privacy Workshops (SPW) 2015*, pp. 3–6, IEEE, 2015.

[23] A. Machanavajjhala, D. Kifer, J. Gehrke, and M. Venkitasubramaniam. ℓ-diversity: Privacy beyond k-anonymity. *ACM Transactions on Knowledge Discovery from Data (TKDD)*, 1(1):3, 2007.

[24] A. Meyerson and R. Williams. On the complexity of optimal k-anonymity. In *Proceedings of the twenty-third ACM SIGMOD-SIGACT-SIGART symposium on Principles of database systems (PODS)*, pp. 223–228, ACM, 2004.

[25] A. Narayanan and V. Shmatikov. Robust de-anonymization of large sparse datasets. In *Proceedings of 2008 IEEE Symposium on Security and Privacy (S & P)*, pp. 111–125, IEEE, 2008.

[26] P. Kairous, S. Oh, and P. Viswanath. The composition theorem for differential privacy. In *Proceedings of the 32nd International Conference on Machine Learing (ICML) 2015*, pp. 1376–1385, 2015.

[27] P. Paillier. Public-key cryptosystems based on composite degree residuosity classes. *Advances in Cryptology–EUROCRYPT'99*, pp. 223–238, Springer, 1999.

[28] M. O. Rabin. How to exchange secrets with oblivious transfer. *Technical report TR-81, Aiken Comp-Lab.*, Harvard University, 1981.

[29] R. L. Rivest, A. Shamir, and L. Adleman. A method for obtaining digital signatures and public-key cryptosystems. *Communications of the ACM*, 21(2):120–126, 1978.

[30] S. Shalev-Shwartz. Online learning: Theory, algorithms, and applications Doctor thesis Hebrew University. 2007.

[31] A. Shamir. How to share a secret. *Communications of the ACM*, 22(11):612–613, 1979.

[32] L. Sweeney. k-anonymity: A model for protecting privacy. *International Journal of Uncertainty, Fuzziness and Knowledge-Based Systems*, 10(05):557–570, 2002.

[33] S. L. Warner. Randomized response: A survey technique for eliminating evasive answer bias. *Journal of the American Statistical Association*, 60(309):63–69, 1965.

[34] A. C.-C. Yao. How to generate and exchange secrets. In *Proceeding of the 27th Annual Symposium on Foundations of Computer Science (FOCS) 1986*, pp. 162–167, IEEE, 1986.

[35] M. Yasuda, T. Shimoyama, J. Kogure, K. Yokoyama, and T. Koshiba. Secure pattern matching using somewhat homomorphic encryption. In *Proceedings of the 2013 ACM workshop on Cloud computing security workshop*, pp. 65–76, ACM, 2013.

[36] E. A. Zerhouni and E. G. Nabel. Protecting aggregate genomic data. *Science*, 322(5898):44, 2008.

[37] 佐井至道. 個票データにおける個体数とセル数との関係. 応用統計学, 27(3):127–145, 1998.

[38] 岡本龍明, 山本博資. 現代暗号. 産業図書, 1997.

[39] 瓜生和久. 一問一答 平成 27 年改正個人情報保護法. 商事法務, 2015.

索　引

数字・欧字

(α, β)-正確 —— 137
δ 近似 max divergence —— 111
ϵ-semantic privacy —— 109
ϵ-差分プライバシー —— 99
(ϵ, δ)-差分プライバシー —— 101
λ-強凸性 —— 144
(θ, m)-閾値秘密分散法 —— 200
2-party プロトコル —— 186
ElGamal 暗号 (ElGamal Encryption) — 172
Incognito —— 66
k-out-of-n OT —— 191
k 匿名化 —— 58
k 匿名性 —— 58
ℓ 多様性 —— 51
malicious モデル (malicious adversary model) —— 160
max divergence —— 111
randomized response —— 114
semantic privacy —— 108
semi-honest モデル (semi-honest adversary model) —— 160
total variation —— 108

あ行

暗号 (encryption) —— 167
暗号化アルゴリズム —— 167, 171
暗号系の秘匿性 —— 168
暗号文 (ciphertext) —— 167
一方向性ハッシュ関数 —— 56
一般化 (generalization) —— 58
一般化階層構造 (generalization hierarchy) —— 58, 62
イデアルモデル (ideal model) —— 159
エントロピー ℓ 多様性 —— 52

か行

カイ二乗独立性検定 (chi-squared test for independence) —— 88
回路計算量 (circuit complexity) —— 198
ガウシアンメカニズム (Gaussian mechanism) —— 123
鍵 (key) —— 167
鍵空間 (key space) —— 169
鍵生成アルゴリズム —— 167, 171
鍵付きハッシュ関数 (keyed hash function) 57
鍵配送 (key distribution) —— 169
確率暗号 —— 182
確率的アルゴリズム (probabilistic algorithm) —— 76
確率的多項式時間アルゴリズム —— 76
確率バウンド —— 116
加法準同型暗号 (additional homomorphic encryption) —— 181
加法的シェア (additive ahare) —— 200
仮名 ID(pseudonym ID) —— 54

仮名化 (pseudonymization) —— 1, 54
環 —— 172
頑強性 (malleability) —— 183
間接識別情報 (indirect identifying information) —— 22
完全準同型暗号 (fully homomorphic encryption) —— 183
完全秘匿 (perfect secrecy) —— 78
犠牲者 (feirset) —— 10
教師あり学習 (supervised learning) —— 139
強凸性 (strong convexity) —— 143
共謀 (collusion) —— 161
局所的再符号化 (local recoding) —— 58
局所的抑制 (local suppression) —— 60
訓練事例 (training example) —— 139
経験損失 (empirical risk) —— 140
経験損失最小化 (empirical risk minimization) —— 140
計算量的識別不可能性 (computational indistinguishability) —— 80
決定的アルゴリズム —— 76
公開鍵 (public key) —— 171
公開鍵暗号 (pulic key encryption) —— 170
公開鍵暗号系の秘匿性 —— 171
攻撃者 (adversary) —— 1, 10, 82
攻撃者モデル (adversary model) —— 38, 73
合成定理 (composition theorem) —— 129
個人識別符号 (personal identification code) —— 30
個人情報保護法 (Act on the Protection of Personal Information) —— 29
個人属性データ (individual data) —— 19

さ行

再帰的 (c, ℓ) 多様性 —— 52
最適な k 匿名化 —— 66
再符号化 (recoding) —— 58
差分プライバシー (differential privacy) —— 3, 88, 99
サンプル複雑度 (sample complexity) —— 144
シェア (share) —— 158
閾値メカニズム (threshold mechanism) —— 136
識別情報 (identifying information) —— 20
識別不可能性 (indistinguishability) —— 77
指数時間アルゴリズム (exponential time algorithm) —— 75
指数メカニズム (exponential mechanism) 124
指数領域アルゴリズム (exponential space algorithm) —— 75
事前分布 (prior distribution) —— 106
悉皆調査 (complete survey) —— 29, 46
シミュレーター (simulator) —— 162
出力摂動法 (output perturbation method) —— 145, 147
準同型暗号 (homomorphic encryption) —— 157, 181

乗法準同型暗号 (multiplicatively homomorphic encryption) — 182
情報理論的識別不可能 (information theoretic indistinguishability) — 78, 79
剰余環 (quotient ring) — 172
事例 (example) — 139
信頼できる第三者 (trusted thrid party, TTP) — 159
スコア関数 (score function) — 124
生成元 (generator) — 175
正則化経験損失最小化 (regulalized ERM) — 142
正則化項 (regulalization term) — 141
正則化パラメータ (regulalization parameter) — 142
正当性 (correctness) — 161, 168
セキュリティパラメータ (security parameter) — 171
セル (cell) — 48
選択暗号文攻撃 (chosen ciphertext attack) — 178
選択平文攻撃 (chosen plaintext attack) — 177
束 (lattice) — 63
属性 (attribute) — 43
属性抑制 (attribute supression) — 59
損失関数 (loss function) — 140

た行

体 — 172
大域的再符号化 (global recoding) — 58
多項式 (polynomial) — 75
多項式時間アルゴリズム (polynomial time algorithm) — 75
多項式領域アルゴリズム (polynomial space algorithm) — 75
単調性 (monotonicity) — 66
直接識別情報 (direct identifying information) — 21
データ提供者 (data contributor, data publisher) — 10, 35
データベース (database) — 19
データ利用者 (analyst, client) — 10, 35
適応的選択暗号文攻撃 (chosen ciphertext attack, adaptive case) — 178
テスト事例 (test example) — 140
統計的クエリ (statistical query) — 74
統計データベース (statistical database) — 74
特徴ベクトル (feature vector) — 139
特定 (idetification) — 1
匿名化 (anonymization) — 1, 53, 58
独立同一分布 (independent and identically distributed, iid) — 140
度数 (degree) — 48
トップコーディング (top coding) — 59

な行

難読化 (obfuscation) — 191

二乗損失 (squared loss) —— 140

は行

背景知識 (background knowledge) —— 38, 78, 106
パーティー (party) —— 153
汎化損失 (generalization risk) —— 141
判定 Diffie-Helman 問題 (decisional Diffie-Helman problem) —— 179
秘匿回路 (garbled circuit) —— 157, 189
秘匿回路生成関数 —— 190
秘匿性 (security) —— 73, 161
秘密鍵 (secret key) —— 171
秘密鍵暗号 (secret key encryption) —— 167
秘密計算 (secure computation) —— 4, 74
秘密分散 (secret sharing) —— 158
ビュー (view) —— 163
評価する回路 (garbled circuit) —— 191
標本 (sample) —— 46
標本一意性 (sample uniqueness) —— 46
標本調査 (sample survey) —— 29, 46
平文 (plaintext) —— 168
平文空間 (plaintext space) —— 169
敏感度 (sensitivity) —— 117
ヒンジ損失 (hinge loss) —— 140
復号アルゴリズム —— 168, 171
プライバシーバジェット —— 128
プライバシーメカニズム (privacy mechanism) —— 98
ブルートフォース攻撃 (breteforce attack) —— 56
プロトコル (protocol) —— 159
分割表 —— 89
紛失送信 (oblivious transfer, OT) —— 191
母集団 (population) —— 45
母集団一意性 (population uniqueness) —— 46
ボトムコーディング (bottom coding) —— 59

ま行

マイクロアグリゲーション (micro aggregation) —— 60
マルチパーティー秘密計算 (secure malti-party computation) —— 153
マルチパーティープロトコル (multi-party protocol) —— 154
無視できる (negligible) —— 76
メカニズム (mechanism) —— 98
目的関数摂動法 (objective perturbation method) —— 149
目標値 (target) —— 139
モジュラーアプローチ —— 129

や行

有限体 (finite field) —— 172
有用性 (utility) —— 64, 116
ユニークセル (unique cell) —— 48
容易照合性 —— 30
要配慮情報 (sensitive information) —— 20, 27

抑制 (supression) — 59

弱い秘匿性 — 96

ら行

ラプラスメカニズム (Laplace mechanism) 119

リアルモデル (real model) — 160

離散対数問題 (discrete logarithm problem) — 179

履歴情報 (history information) — 20, 24

履歴データ (history data) — 20

レコード (record) — 19

レコード抑制 (record supression) — 59

連結 (linkage) — 1

連結可能匿名化 (linkageble anonymization) — 54

連結不可能匿名化 (unlinkageble anonymization) — 54

連絡情報 — 27

ロジスティック損失 (logistic loss) — 140

わ行

ワンタイムパッド (onetime pad) — 80, 169

著者紹介

佐久間(さくま) 淳(じゅん)　博士（工学）

2003 年　東京工業大学大学院総合理工学系研究科博士後期課程修了

現　在　東京工業大学情報理工学院 教授

理化学研究所 革新知能統合研究センター チームリーダー

著　書　（共著）『教養としてのデータサイエンス』講談社（2021）

NDC007　231p　21cm

機械学習(きかいがくしゅう)プロフェッショナルシリーズ

データ解析(かいせき)におけるプライバシー保護(ほご)

2016 年 8 月 24 日　第 1 刷発行

2023 年 6 月 15 日　第 3 刷発行

著　者　佐久間(さくま)　淳(じゅん)

発行者　髙橋明男

発行所　株式会社　講談社

〒 112-8001　東京都文京区音羽 2-12-21

販売　(03)5395-4415

業務　(03)5395-3615

KODANSHA

編　集　株式会社　講談社サイエンティフィク

代表　堀越俊一

〒 162-0825　東京都新宿区神楽坂 2-14　ノービィビル

編集　(03)3235-3701

本文データ制作　藤原印刷株式会社

印刷・製本　株式会社ＫＰＳプロダクツ

落丁本・乱丁本は，購入書店名を明記のうえ，講談社業務宛にお送りください．送料小社負担にてお取替えします．なお，この本の内容についてのお問い合わせは，講談社サイエンティフィク宛にお願いいたします．定価はカバーに表示してあります．

Printed in Japan

ISBN 978-4-06-152919-9